数学への招待

リーマン予想の今，
そして
解決への展望

黒川信重=著

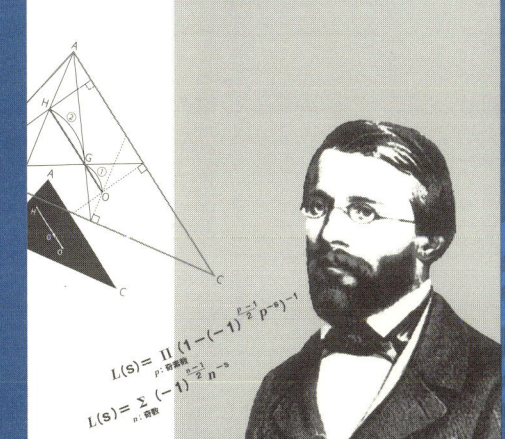

$$L(s, \Delta) = (2\pi)^{-1} \Gamma(s) \int \Delta(iy) y^s \frac{dy}{y}$$

$$L(s) = \prod_{p:\ 素数} \left(1 - (-1)^{\frac{p-1}{2}} p^{-s}\right)^{-1}$$

$$L(s) = \sum_{n:\ 奇数} (-1)^{\frac{n-1}{2}} n^{-s}$$

技術評論社

本書は、2012年に刊行された知りたい！サイエンス『リーマン予想の探求 ～ABCからＺまで～』を最新情報を加えつつ大幅に改訂したものです。リーマン予想の解決へ重要となる絶対数学については第8章「絶対数学の進展」を新設して詳しく解説しました。令和時代を迎えて、リーマン予想へのキーワードとなる「黒川テンソル積」(p.121) および「零和構造」(p.131) に注目して読み進めてください。

はじめに

　リーマン予想は数学最大の難問として有名です。その背景には今から2500年も昔のギリシャ時代からの素数の研究があります。現代の私たちにとっては、素数は小学校時代から接してきていて、簡単なものに思えてしまうかもしれません。しかし、素数という考えを最初に思いついた人の身になって、自分で発見することを想像してみると、並大抵なことではなかったことに気付きます。残念なことに、素数に思い至った偉大な数学者の名前は、知られていません。現在では、素数は数学研究だけでなく、物理学などでも活躍していますし、現代情報社会のセキュリティーの基盤を素数を用いた暗号として提供するという重要な役目も担っています。

　本書では、リーマン予想に至る素数の研究を簡単に振り返り、リーマン予想の研究についてできるだけわかりやすく解説をしました。そこには、オイラー、リーマン、ラマヌジャン、コルンブルム、セルバーグといった素数とゼータ関数の研究において数学史に名前を残す人たちが登場します。彼らが、どのようにして研究を推進したかを体験してください。

　リーマン予想は未解決問題ですし、これまでの研究は膨大なものです。そこで、本書の解説は筆者の考える重要と思われる視点と題材のみに限定してあります。21世紀のこれからは一元体からすべての数学を行うという「絶対数学」が、リーマン予想の研究だけに留まらず重要だと思います。本書は、絶対数学への導入も兼ねています。リーマン予想は新たな人々の挑戦をまっています。リーマン予想への航海に乗り出してください。

　2019年（平成31年）4月8日

黒川信重

リーマン予想の今、そして解決への展望

Contents

序 章 オイラーとリーマン 7
　コラム　ゼータ関数とリーマン予想の略年表 12

第1章 素数の歴史
　ピタゴラスからオイラーまで 15

第2章 素数とリーマン予想の関係 31
　コラム　オイラーとリーマン 38
　コラム　ゼータは生き物である 40

第3章 オイラー積ふたたび 53
　コラム　オイラー全集 63

第4章 オイラー積を発見したラマヌジャン 65

第5章 コルンブルムとセルバーグ 81
　コラム　ゼータ正規化積 95

第6章 深リーマン予想 ⋯⋯⋯⋯⋯⋯⋯⋯⋯⋯⋯ 101

第7章 リーマン予想の解読へ ⋯⋯⋯⋯⋯⋯ 113
　コラム ゼータはダイコン!? ⋯⋯⋯⋯⋯⋯⋯ 132

第8章 絶対数学の進展 ⋯⋯⋯⋯⋯⋯⋯⋯⋯⋯ 133

付　録 数論の有名な予想のいくつか ⋯⋯ 143
　（1）abc 予想 ⋯⋯⋯⋯⋯⋯⋯⋯⋯⋯⋯⋯⋯ 144
　（2）関数体版のabc 予想の証明 ⋯⋯⋯⋯⋯ 151
　（3）アルチンの原始根予想 ⋯⋯⋯⋯⋯⋯⋯ 161
　（4）関数体版のアルチンの原始根予想証明の歴史 ⋯⋯ 164
　（5）本書で扱った予想とロゼッタストーン（p.42）
　　　の対応表 ⋯⋯⋯⋯⋯⋯⋯⋯⋯⋯⋯⋯⋯ 164

読書案内 ⋯⋯⋯⋯⋯⋯⋯⋯⋯⋯⋯⋯⋯⋯⋯⋯⋯ 167
索引 ⋯⋯⋯⋯⋯⋯⋯⋯⋯⋯⋯⋯⋯⋯⋯⋯⋯⋯⋯ 169
著者プロフィール ⋯⋯⋯⋯⋯⋯⋯⋯⋯⋯⋯⋯⋯ 175

よく出てくる記号の読み方と意味

・Σ（シグマ）

「和」のこと。

＜例＞

$\sum_{k=1}^{10} k$ は 1 から 10 までの和を表し、

$1 + 2 + 3 + 4 + 5 + 6 + 7 + 8 + 9 + 10 = 55$

となります。

・π（パイ）と $\pi(x)$

π は円周率（3.141592653589793……）、後者は円周率の π とは関係なく、素数 prime の頭文字 p に対応するギリシャ文字です。

・Π（プロダクト）

積（Product）の頭文字 P に対応するギリシャ文字です。

＜例＞

$$\prod_{p:素数} (1 - p^{-2})^{-1} = \frac{1}{1 - \dfrac{1}{2^2}} \times \frac{1}{1 - \dfrac{1}{3^2}} \times \frac{1}{1 - \dfrac{1}{5^2}} \times \cdots$$

$$= \frac{\pi^2}{6}$$

オイラーと
リーマン

素数の研究をしてきた人は、今から2500年くらい昔のギリシャ時代から、たくさんいました。その探求が現代のように深い研究になってきたのは、18世紀のオイラーさん（1707年 – 1783年）と19世紀のリーマンさん（1826年 – 1866年）のおかげです。それは、ゼータ（ζ）を使うという段階に至ったからです。

　オイラーさんは素数$2, 3, 5, 7, \cdots$にわたる積（オイラー積）を考え、それが自然数$1, 2, 3, \cdots$にわたる和に等しいことを見抜きました（1737年）。リーマンさんは、この関数を$\zeta(s)$と名付け、さらに、$\zeta(s)$が0になる複素数（零点と呼びます）は実質的に実部が1/2という一直線上に乗っていると予想しました（すべての複素数sに対して$\zeta(s)$を意味づけることは複素関数論の解析接続という方法が必要になります）。これが、数学最大の難問と言われる『リーマン予想』です。このリーマン予想は1859年に提出されてから160年経ちましたが、未解決です。本書では、このリーマン予想とその一歩先を話したいと思います。

　リーマンゼータ関数のはじめのほうの虚の零点は次のようになっています。

> **リーマンゼータ関数の虚の零点の例**
>
> $$\zeta(s) = \sum_{n=1}^{\infty} n^{-s} = \prod_{p:\text{素数}} (1 - p^{-s})^{-1}$$

$$\frac{1}{2} \pm i \cdot 14.134725141734\cdots$$

$$\frac{1}{2} \pm i \cdot 21.022039638771\cdots$$

$$\frac{1}{2} \pm i \cdot 25.010857580145\cdots$$

$$\cdots$$

　このように、すべての虚の零点の実部が$\frac{1}{2}$である、というのがリーマン予想です。

　リーマン予想の感じをイメージしていただくために、素数やゼータとは離れた数学のところからの美しい定理を紹介しておきます。それは、オイラーさんが1763年12月12日にペテルブルグ（現在のサンクトペテルブルグ）学士院に報告した

『オイラー線定理：三角形の外心・重心・垂心は一直線（オイラー線）上に乗っていて、間隔の比はこの順に1：2となる』

という不思議な定理です。リーマン予想の際の零点に外心・重心・垂心を対比して考え、一直線上に乗っているという同

じ性質と眺めてもらえばよいのです。どんな三角形でも外心・重心・垂心は、なぜか、オイラー線という一直線上に乗っていて、ずれていないのです。しかも、間隔の比が1：1という等間隔ではなくて、なぜか1：2なのです。

　リーマン予想は、この「一直線上に乗っている」という性質にあたります。では、オイラー線の場合に「間隔が1：2」という精密な性質は、リーマン予想の場合には何にあたるのでしょうか？　それは、一直線上に零点が乗っているというリーマン予想をさらに踏み込んで、零点の虚部の間隔がどう

図1 リーマン予想のたとえ

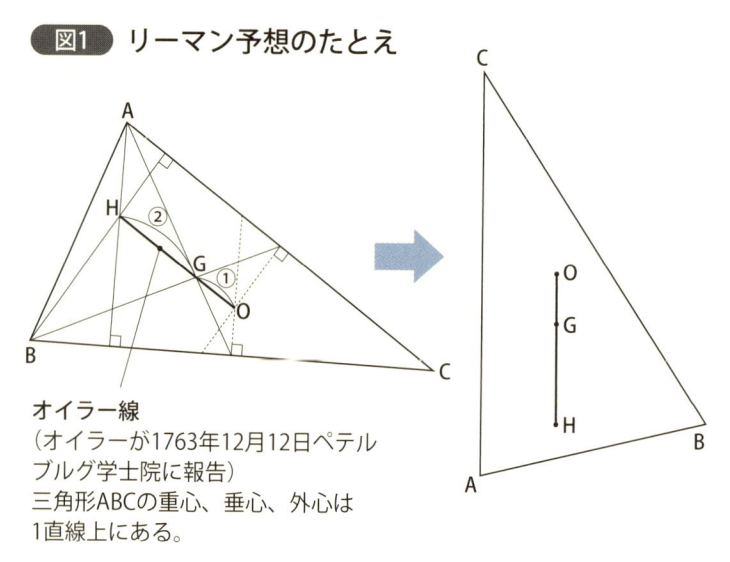

オイラー線
（オイラーが1763年12月12日ペテルブルグ学士院に報告）
三角形ABCの重心、垂心、外心は
1直線上にある。

G：各頂点から対辺の中心に引いた3本の線分の交点。
H：各頂点から対辺に引いた垂線の交点。
O：各辺の垂直二等分線の交点。

なっているか、と考えるということです。零点の虚部の間隔がどうなっているかきちんと知りたい、という素朴な知的欲求は自然なものです。

　本書では、こういう、リーマン予想を一歩進めた『深リーマン予想』にも足を踏み入れます。

　また、整数と多項式を対比するという絶対数学の考え方を基調として紹介します。絶対数学とは1元体$\mathbb{F}_1$上で、すべての数学を展開するものです。リーマン予想解明に向けての最強の考え方です。最近のabc予想の研究でも使われています。このような、新しい世界を楽しんでください。

ゼータ関数とリーマン予想の略年表

1737年　オイラー：ゼータ（オイラー積）を発見し、素数とゼータが結びついた

1837年　ディリクレ：等差数列内の素数の分布をゼータを使って研究した

1859年　リーマン：ゼータの虚の零点を用いて素数分布公式を証明し、リーマン予想を提出した

1914年　ハーディ：リーマンゼータが実部1/2の零点を無限個持つことを証明した

1916年　ラマヌジャン：高次（2次）のゼータを発見し、ラマヌジャン予想を提出した

1919年　コルンブルム：合同ゼータを史上初めて発見 [1914年没；遺稿がランダウにより出版]

1932年　ジーゲル：リーマンのゼータ研究遺稿を調査し報告 [リーマン・ジーゲル公式の発見]

1933年　ハッセ：楕円曲線の合同ゼータに対するリーマン予想を証明した

1942年　セルバーグ：リーマンゼータの虚の零点のうち少なくとも正のパーセントは実部が1/2となることを証明した

1948年　ヴェイユ：代数曲線の合同ゼータに対する

リーマン予想を証明した

1949年　ヴェイユ：合同ゼータ関数の一般的定式化（ヴェイユ予想）提出した

1952年　セルバーグ：セルバーグゼータ関数を発見し、リーマン予想の対応物を証明した

1962年　佐藤幹夫：ラマヌジャン予想を合同ゼータ関数に対するリーマン予想（ヴェイユ予想）に帰着させた

1963年　佐藤幹夫：佐藤テイト予想を提出した

1965年　グロタンディーク：合同ゼータ関数の行列式表示を証明した［そのために一万ページに及ぶスキーム論EGA、SGAを構築］

1974年　ドリーニュ：合同ゼータ関数に対するリーマン予想（ヴェイユ予想）を証明した

1974年　レヴィンソン：リーマンゼータの虚の零点のうち少なくとも1/3（34パーセント）は実部が1/2となることを証明した

1989年　コンリー：リーマンゼータの虚の零点のうち少なくとも2/5（40パーセント）は実部が1/2となることを証明した

1995年　ワイルズ（＋テイラー）：フェルマー予想を証明した（楕円曲線の標準ゼータによる）

2011年　テイラー達：佐藤テイト予想を証明した（保
　　　　型形式のゼータの無限系列を用いる）
20XX年　××××：リーマン予想解決

第 **1** 章

素数の歴史

ピタゴラスからオイラーまで

素数の発祥の地　イタリア

　「ギリシャ数学」と言われることから、素数の研究はギリシャが発祥と思われることが多いですが、ピタゴラスが開いたというピタゴラス学校は、ギリシャではなく現在のイタリアにありました。イタリア南岸のクロトーネ（当時の名前はクロトン）です。ピタゴラスは、紀元前492年に沿岸沿いの町で亡くなったといわれています。

ギリシャ

クロトーネ（クロトン）

**"イタリアのつちふまずで数学がはじまった"
と言われています**

素数は何個？

　ピタゴラスは、数学を数論、音楽、幾何学、天文学に分けて考えていました。一方、ピタゴラスは宇宙を素数全体の空間とみなしていたとも言われています。数論の最たるもの

は、この素数の空間を研究することです。それには、本書の大テーマであるリーマン予想、ゼータ関数を調べることが必要になってくるのです。素数全体の空間は、ゼータ関数で表されているからです。

今から2500年前、ピタゴラス学派は「素数は無限個ある」ことを証明しました。ピタゴラス学派では、素数を直線数、合成数を長方形数とも言っていたといわれています。三角数、四角数はその名のとおり、小石を三角形や四角形になるように並べていくことができますが、素数は直線にしか並べることができません。ですから、素数を直線数と言っていたのでしょう。

さて「素数は無限個ある」と発見したピタゴラス学派ですが、いったいどうやって証明したのでしょうか。ユークリッド『原論』には、素数はまばらになってもなくなることはな

図2 三角数と四角数

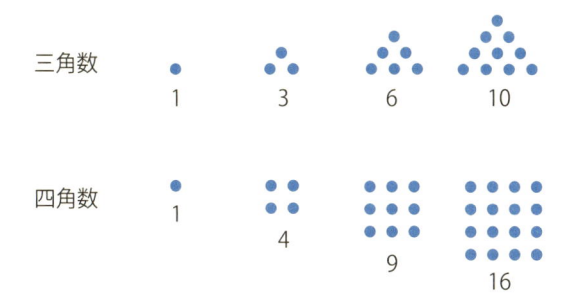

三角数
1　3　6　10

四角数
1　4　9　16

い、つまり、最大の素数というのは存在しないということが記されています。このことは、現在では、背理法の例としてよく出てきますが、ギリシャ時代は、背理法ではなく、直接に素数を次々と作り出して証明していました。実際にやってみましょう。

なんでもいいので1個の素数を選びます。一般には、そこまでに現れた素数の積に1を加え、最小素因子を取り出して追加していきます。2から始めましょう。

$$3 = 2 + 1$$
$$7 = 2 \times 3 + 1$$
$$43 = 2 \times 3 \times 7 + 1$$
$$13 \times 139 = 1807 = 2 \times 3 \times 7 \times 43 + 1$$

このようにして、$2, 3, 7, 43, 13$ が得られます。

さて、13の次を見つけようとすると、素因数を見つけるのはだんだん難しくなってきます（$53, 5, 6221671, \cdots$ と続くのですが）。

2から開始した場合、例1のように、現在までに計算されているのは第51項目までです（43項目までは1990年代に計算済みでしたが、第44項以降の計算は大変です）。ここには

すべての素数が出てくると予想されていますが、未解決の難問です。

例1

2, 3, 7, 43, 13, 53, 5, 6221671, 38709183810571, 139,

2801, 11, 17, 5471, 52662739, 23003, 30693651606209, 37, 1741,

1313797957,

887, 71, 7127, 109, 23,

97, 159227, 643679794963466223081509857, 103, 1079990819,

9539, 3143065813, 29, 3847, 89, 19, 577, 223, 139703, 457,

9649, 61, 4357,

8799109872255227270828125179331235158109939285176889
3748012603709343,

107, 127, 3313, 2274…5893, 59, 31, 211.

45番目　　　　　48番目　　　　51番目
　　　　　　　　75けた

例2

$$3 \to 5 \to 17 \to 257 \to 65537 \to 641 \to \cdots\cdots$$

これは、それまでの素数の積に2を加えて最小素因子を取り出していっています。

この方法はピタゴラス学派（紀元前500年頃）によるものと思われますが、記録に残っているのはユークリッド『原

論』（紀元前300年頃）であるため、「ユークリッド素数列」とよばれているのです。

　それでは、背理法を使った証明を紹介しておきましょう。

> 素数は無限個ある

● 証明

　素数が有限個 $p_1, \cdots, p_n$ しかないとする。そのとき $p_1 \times \cdots \times p_n + 1$ の素因数分解を考えると、素数 $p_1, \cdots, p_n$ のどれかで割り切れないとおかしいことになる。しかし、どれで割っても 1 余る。これは矛盾。したがって、素数は無限個ある。

（証明終わり）

 ## 素数ってどうやって作るの？

　素数が無限個存在することを示す方法は数学の中心テーマの1つです。ここで見た通り、ギリシャ時代のピタゴラス学派が考えだした方法は見事なものでした。今から2500年も昔のものとは思えないほどです。

　また、第2章ではオイラーのゼータ関数を使う方法（1737

年）によって、素数の逆数の和が無限大になることも見ます。それも、素数が無限個存在することを知る1つの方法です。

ところで、現在、人間が知っている最大の素数は51番目のメルセンヌ素数$2^{82589933} - 1$で2018年12月7日に発見されたものです。十進法で2986万2048ケタという巨大な素数です。

ここではもう1つの方法を書いておきましょう。それは実質的にはオイラーの一時代前のフェルマーの考えにちなむものです。フェルマーは$n = 0,1,2,3,4,\cdots$に対して自然数

$$2^{2^n} + 1 = 3, 5, 17, 257, 65537, \cdots$$

がどこまでも素数になると予想しました。その予想は、オイラーが$2^{2^5} + 1$は素数ではなく641という素因子を持つことを発見して否定されました。今までのところ、素数になる場合は、$n = 0, 1, 2, 3, 4$の5個しか見つかっていません（個人的希望としては無限個あってほしいものですが）。この5個の素数3, 5, 17, 257, 65537は正素数多角形が作図できる5個の素数となっています（ガウスの定理）。

さて、$2^{2^n} + 1$は一般には素数ではありませんので、その最小素因子$p(n)$という素数を考えることにします：
$p(0) = 3$, $p(1) = 5$, $p(2) = 17$, $p(3) = 257$, $p(4) = 65537$, $p(5)$

$=641$, …となっています。実はこのとき、$p(0)$, $p(1)$, $p(2)$, …はすべて相異なる奇素数になっていることがわかります。したがって、素数が無限個存在することが示されることになります。相異なることを証明するには $0 \leqq m < n$ のとき $p(m) \neq p(n)$ を示せばよいわけです。そのためには、$p(m)$ が $2^{2^n} - 1$ を割り切ることをいえば十分です。というのは、$p(n)$ は $2^{2^n} + 1$ の約数ですので、もし $p(m) = p(n)$ ならば $p(m)$ は $2^{2^n} - 1$ と $2^{2^n} + 1$ の両方を割り切ることになってしまい、$p(m)$ はそれらの差 2 も割り切ることになって矛盾が出るからです。

さて、$p(m)$ が $2^{2^n} - 1$ を割り切ることは、次のようにわかります。まず、$p(m)$ は $2^{2^m} + 1$ を割り切っていますので、$2^{2^m} + 1$ が $2^{2^n} - 1$ を割り切ることを見ればよいわけです。そこで、$u = 2^{2^m}$ とおいてみると、$u + 1$ が $u^{2^{n-m}} - 1$ を割り切ることを示せばよいことになりますが、このことは偶数 N（ここでは $N = 2^{n-m}$）に対して

$$u^N - 1 = (u + 1)(u^{N-1} - u^{N-2} + \cdots - 1)$$

となることからわかります。なお、このようにしてできた素数列 $p(0)$, $p(1)$, $p(2)$, …には奇素数が全部出てくるわけではありません。たとえば、7 は現れないことが証明できます。

ここの素数の作り方は、たとえば、$n = 0, 1, 2, \cdots$ に対して $10^{2^n} + 1$ の最小素因子 11, 101, 73, … を作ることにしても全く同様です。しかも 10 の代わりにどんな偶数 2, 4, 6, 8, 10, 12, 14, 16, … をもってきても無限個の素数が出てきます。

ここまで見てきたように、素数は無限にいくらでも作ることができるのです。その分布を解明しようとゼータ関数を考えたのがオイラーです。後の項ではそのオイラーについて紹介しましょう。

素数から作る暗号

素因数分解は私たちの生活において、安全性を保つために、いろいろな場面で使われています。クレジットカードやスイカなどで暗号化には欠かせないものです。

素数概念は今から 2500 年も昔のギリシャ時代に発見されたものですが、現代社会において "実用化" されました。それは、暗号への活用です。ギリシャ時代の人々には夢にも思わなかった活用法でしょう。

その原理は簡単です。自然数 $N \geqq 2$ をとって、原文は 0 〜 N 1 の数字の列

$$A = [A_1, \cdots, A_m]$$

として書いてあるものとします。たとえば、日本語の50音などなら$N=100$くらいで大丈夫でしょう（あとで書くように、Nとしてはふつう400ケタくらいの大きな自然数を使っています）。また、並べかえ（置換、全単射写像）の関数

$$f: \{0, \cdots, N-1\} \to \{0, \cdots, N-1\}$$

とその逆関数（逆写像）$g = f^{-1}$を用意します。

　暗号を送る人は原文の数字列

$$A = [A_1, \cdots, A_m]$$

をfで写した

$$B = f(A) = [\,f(A_1), \cdots, f(A_m)\,] = [B_1, \cdots, B_m]$$

を暗号文

$$B = [B_1, \cdots, B_m]$$

とします。暗号文 B を受け取った人は

$$g(B) = [g(B_1), \cdots, g(B_m)]$$

を作れば、これが原文の

$$A = [A_1, \cdots, A_m]$$

に戻っているというわけです。ただし、g が誰にでもすぐ計算できるようですと、第三者にも簡単に解読されてしまうため、暗号の安全性を保つ工夫が必要です。素数を使います。

　暗号を受け取る人は、まず、次の計算をしておきます。異なる素数 p と q をとって $N=pq$ とします（現実的には、安全性のため p と q は 200 ケタくらいの素数にします）。さらに、自然数 r と s を余りを答えとする演算 mod（モッド）を使って、

$$rs = 1 \bmod (p-1)(q-1)$$

とみなすように選びます（いろいろな選び方があります）。

　そこで、暗号を受け取る 受取人 は、自然数 N と r のみを公開します（p, q, s は決して公開してはいけません）。暗号文を送りたい 送信人 は、だれでも $0 \sim N\ 1$ の数字列でまず

原文を

$$A = [A_1, \cdots, A_m]$$

と書いておいて、

$$B = \overline{A^r} = [\overline{A_1^r}, \cdots, \overline{A_m^r}] = [B_1, \cdots, B_m]$$

を計算します。ただし、$B_i = \overline{A_i^r}$ は普通に計算した A_i^r を N で割った余りとします。このとき、暗号 送信人 は数字列

$$B = [B_1, \cdots, B_m]$$

を暗号 受取人 に送ります。これで暗号送信は完了です。暗号作成もコンピュータを使えば mod N の計算という簡単な作業です。

さて、暗号 受取人 は

$$\overline{B^s} = [\overline{B_1^s}, \cdots, \overline{B_m^s}]$$

を作れば

$$A = [A_1, \cdots, A_m]$$

に戻っています。その理由は、初等整数論を用いますと

$$\{0, \cdots, N-1\} \xrightarrow{f} \{0, \cdots, N-1\} \xrightarrow{g=f^{-1}} \{0, \cdots, N-1\}$$

という r 乗写像 f と、s 乗写像という逆写像 $g = f^{-1}$ を使っているからです。実は、

$$\{0, \cdots, N-1\} = \mathbb{Z}/(N) \xrightarrow{f} \mathbb{Z}/(N) \xrightarrow{g=f^{-1}} \mathbb{Z}/(N) = \{0, \cdots, N-1\}$$

は乗法モノイド（$\mathbb{F}_1$ 代数）$\mathbb{Z}/(N)$ の同型写像を用いている、という絶対数学の有効性のよい例にもなっています。

　暗号文を第三者が解読することを困難（事実上不可能）にするために、p や q を大きな素数として $N = pq$ を作り、

$$rs \equiv 1 \mod (p-1)(q-1)$$

をみたす r, s を選んだあとに、N と r のみを公開するということが重要になってきます。N や r を公開しても安全なわけは、N が 200 ケタ程度の 2 つの素数の積であることも知っていたとしても、$N = pq$ となる p と q を求めるためには（r から

s を知るにはそれらの情報が必要です）、現在の技術では、数千年程度の時間がかかること——大きなケタの自然数を素因数分解することが困難であること——が鍵になっています。

　現代社会が素数の難しさに支えられている、という図式です。

 ## オイラーの発見

　素数がいくらでもあることは先に述べました。それがどのように分布しているのかを調べようとしたのがオイラー（1707年–1783年）です。オイラーは1737年素数に関する重要な発見をしました。素数が無限個あることがわかってから約2000年以上も経ってからの大発見でした。

素数の逆数の和

$$\frac{1}{2} + \frac{1}{3} + \frac{1}{5} + \frac{1}{7} + \frac{1}{11} + \frac{1}{13} + \cdots$$

は無限になる

　素数の逆数を足していくと、どんな数よりも大きくなって

いくという発見です。もし有限個しかなかったとすれば、逆数の和は当然有限ですから、素数が無限個なければならないことはすぐにわかります。実際はより強い（精密な）結果になっています。

実は、オイラーはその際に、重要な等式も発見しています。

$$\cfrac{1}{1-\cfrac{1}{2}} \times \cfrac{1}{1-\cfrac{1}{3}} \times \cfrac{1}{1-\cfrac{1}{5}} \times \cfrac{1}{1-\cfrac{1}{7}} \times \cdots$$

$$= 1 + \frac{1}{2} + \frac{1}{3} + \frac{1}{4} + \frac{1}{5} + \frac{1}{6} + \frac{1}{7} + \cdots$$

左辺と右辺を見比べてみるとおもしろいことがわかります。次のことに気がつくでしょうか。

素数全体に関する積 ＝ 自然数全体に関する和

この左辺は、オイラー積と呼ばれ、後に種々に発展することになりますが、ゼータの始まりでもあります。変数sを入れて式で表すと次のようになります。これもオイラーが1737年に発見しています。

$$\prod_{p : \text{素数}} \frac{1}{1 - p^{-s}} = \zeta(s) = \sum_{n=1}^{\infty} n^{-s}$$

　先ほどのオイラーの等式は、$s = 1$のときです。素数の逆数和が無限大になることは、上記の等式において、一番左の式の対数を取ると、素数の $-s$ 乗の和が出てきますので、そのあとで、$s = 1$ に近づけていけばわかります。

第 **2** 章

素数とリーマン
予想の関係

 ## オイラーのゼータ関数とリーマン予想

1737年、オイラーが30歳のときに次の式を考えたことは第1章で話しました。素数に関する積を考えたのは、オイラーだけです。

$$\zeta(s) = \sum_{n=1}^{\infty} n^{-s} = \prod_{p:\,素数} (1 - p^{-s})^{-1}$$

実際に書き下してみると次のようになりましたね。

$$\zeta(s) = \frac{1}{1^s} + \frac{1}{2^s} + \frac{1}{3^s} + \cdots + \frac{1}{n^s} + \cdots\cdots$$

とくに、$s = 1$ のときは、

$$\prod_{p:\,素数} (1 - p^{-1})^{-1} = \sum_{n=1}^{\infty} n^{-1}$$

から、素数が無限個になることがわかるのでした。素数を解明するためにはゼータ関数 $\zeta(s)$ が必要で、それを知ることが数論といってもいいかもしれません。そして $\zeta(s)$ こそリーマン予想を考えるゼータ関数ですから、素数とリーマン予想に関連がありそうだということは何となくおわかりで

しょう。

　ところで、オイラーの式の証明は簡単ではありません。

少しテクニックが必要です。展開を使います。

$$\prod_{p\,:\,\text{素数}} (1 - p^{-s})^{-1}$$

$$= (1 - 2^{-s})^{-1}(1 - 3^{-s})^{-1}(1 - 5^{-s})^{-1} \times \cdots$$

$$= (1 + 2^{-s} + 4^{-s} + 8^{-s} + \cdots) \times (1 + 3^{-s} + 9^{-s} + \cdots) \times \cdots$$

$$\times (1 + 5^{-s} + 25^{-s} + \cdots) \times \cdots$$

$$2^{-s} \cdot 3^{-s} \text{となる}$$
$$\|$$
$$= 1 + 2^{-s} + 3^{-s} + 4^{-s} + 5^{-s} + \boxed{6^{-s}} + 7^{-s} + 8^{-s} + 9^{-s} + 10^{-s} + \cdots$$

　ここで、$\dfrac{1}{1 - x} = 1 + x + x^2 + x^3 + \cdots$

を使っています。

　おもしろいのは、素数である2や3、5の何乗かで表されていた式（左辺）が、展開してみると、すべての数が出てきているところです。

$$\prod_{p} \frac{p}{p - 1} = \prod_{p} (1 - p^{-1})^{-1} = \sum_{n} n^{-1} = \infty$$

に着目すると、次のようにも書けます。

> ### オイラーの定理
>
> 　分子が素数、分母が素数から 1 を引いた数になっている。
>
> $$\frac{2 \cdot 3 \cdot 5 \cdot 7 \cdot 11 \cdot 13 \cdot 17 \cdot 19 \cdot \text{etc}}{1 \cdot 2 \cdot 4 \cdot 6 \cdot 10 \cdot 12 \cdot 16 \cdot 18 \cdot \text{etc}} = \infty$$

　このオイラーの定理は $s = 1$ のときでしたが、$s = 2$ のときとなる次の類似も有名です。素数に関する積がきちんと求まるのは不思議です。数学の歴史上で最大級の発見でしょう。

> ### オイラーの定理の類似
>
> $$\frac{4 \cdot 9 \cdot 25 \cdot 49 \cdot 121 \cdot 169 \cdot \text{etc.}}{3 \cdot 8 \cdot 24 \cdot 48 \cdot 120 \cdot 168 \cdot \text{etc.}} = \frac{\pi^2}{6}$$

　この式は、$\zeta(2)$ のことで、次のように表すこともできます。

$$\prod_{p} \frac{p^2}{p^2 - 1} = \prod_{p} (1 - p^{-2})^{-1} = 1 + \frac{1}{4} + \frac{1}{9} + \frac{1}{16} + \text{etc.} = \frac{\pi^2}{6}$$

　さて、オイラーの定理 $(s = 1)$ から、素数の逆数の和が無限大になるといえます。つまり、

$$\frac{1}{2} + \frac{1}{3} + \frac{1}{5} + \frac{1}{7} + \frac{1}{11} + \frac{1}{13} + \text{etc.} = \infty$$

オイラーは次のように書いています。

$$\frac{1}{2} + \frac{1}{3} + \frac{1}{5} + \frac{1}{7} + \frac{1}{11} + \frac{1}{13} + \frac{1}{17} + \text{etc.}$$

$$= \log \left(1 + \frac{1}{2} + \frac{1}{3} + \frac{1}{4} + \frac{1}{5} + \text{etc.}\right)$$
$$= \log \log \infty$$

これが後に素数定理へと発展していきます。

素数定理

$$\pi(x) \sim \frac{x}{\log x}$$

"〜" という記号は $x \to \infty$ のときに両辺の比が1に近づくことを表します。つまり、この素数定理は $\pi(x)$ のおおよその大きさは x を（自然）対数 $\log x$ で割ったくらいであることを意味しています。

$\pi(x)$ は、与えられた数以下の素数の個数を表します。そ

のグラフは下のように階段状になります。

図3 $\pi(x)$のグラフ

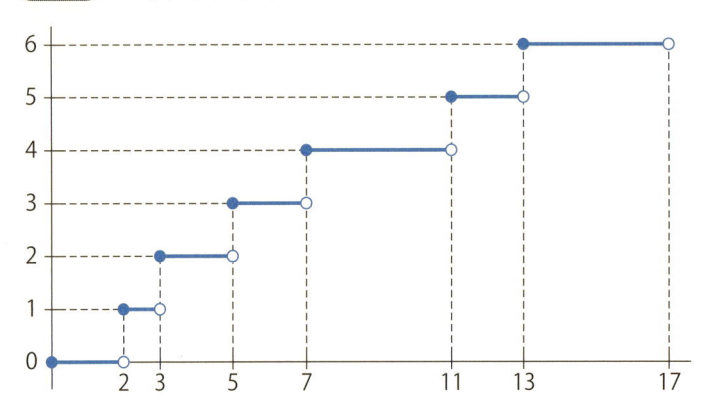

　素数定理をオイラーの結果から類推してみましょう。（以下の計算は厳密なものではなく、発見法的なものです。）

　いま、素数の密度関数 $\varphi(t)$ があったとしておきます。すると、

$$\int_0^x \varphi(t)\,\mathrm{d}t \sim \pi(x)$$

となります。一方、オイラーの結果から

$$\int_0^x \frac{\varphi(t)}{t}\,\mathrm{d}t \sim \sum_{p \leqq x} \frac{1}{p} \sim \log\log x$$

と考えられます。したがって、微分して

$$\frac{\varphi(x)}{x} \sim (\log \log x)' = \frac{1}{x \log x}$$

したがって、$\varphi(x) \sim \dfrac{1}{\log x}$ となります。これから、

$$\pi(x) \sim \int_0^x \varphi(t)\,dt \sim \int_0^x \frac{dt}{\log t} \sim \frac{x}{\log x}$$

となって、素数定理が推測できます。

　この $\pi(x)$ を使って、リーマンの目的を改めてながめてみましょう。リーマンは、1859年11月の論文で $\pi(x)$ そのものを計算しようとし、素数 p はどんな分布をするのか、みつけようとしました。

　リーマンは $\pi(x)$ を $\zeta(s)$ の虚の零点 ρ を使って表しました：

$$\pi(x) = \underbrace{L_i(x)}_{\text{主要項}} - \underbrace{\sum_{\rho} L_i(x^{\rho})}_{\text{リーマン予想に関係}} + \boxed{\text{明確に書ける小さい項}}$$

ここで、$L_i(x)$ は次の対数積分を表します。

$$L_i(x) = \int_0^x \frac{du}{\log u}$$

　なお、リーマン予想とは零点に関して

$$0 \leqq \mathrm{Re}(\rho) \leqq 1$$

$$\Rightarrow \mathrm{Re}(\rho) = \frac{1}{2}$$

が成立することです。Reは実部（Real part）のことです。

オイラーとリーマン

　数学の歴史上で偉大な数学者を挙げると必ず出てくるのがオイラー（1707年4月15日−1783年9月18日）とリーマン（1826年9月17日−1866年7月20日）です。オイラーは76歳まで大量の研究成果を残し、その全集は大型本で百巻に近づく巨大さで、まだ完結していません。リーマンは39歳で亡くなり全集は1巻で完結しています。このように対照的な2人ですが、2人ともオイラーの公式（複数個）、オイラー関数、オイラー積、オイラー標数、オイラー線、リーマン積分、リーマン面、リーマン多様体、リーマンゼータ関数などたくさんの足跡を遺しています。オイラーとリーマンは、ゼータの歴史から見ると、創業者のオイラーとそれを継いだ2代目のリーマンという重要な役目をはたしています。オイラーの亡くなった9月18日とリーマンの生れた9月17日とが一日違いなのも示唆的です。

　オイラーはゼータの基本的な性質（オイラー積表示、

特殊値表示、負の偶数における零点、関数等式、…）を
どんどんと発見してゼータ関数論を創始しました。オイ
ラーの基本的な考えは、できる限り因数分解しようとい
う方針で、その結果、オイラー積の発見（自然数に関す
る和を素数に関する積に分解）や負の零点の発見（ゼー
タに対して、s＋2、s＋4、s＋6、…という因数の発見）
という成果が得られました。

　リーマンは、オイラーの発見を引き継ぎ、それらを確
実な基盤（解析接続）の上に乗せました。リーマンはオ
イラーの考えていなかったゼータの虚の零点の重要性に
気付き、素数公式（与えられた数までの素数の個数を虚
の零点に関する和で表す）とリーマン予想（虚の零点の
実部はすべて1/2）に到達しました。リーマン予想は
ゼータの因数分解をs－ρ（ρは虚の零点）の形まで進
めたものです。リーマンのゼータ論文は10ページ弱の
一編のみですが、現在にいたるまで大きな影響を与えて
います。

　ζ(s)とリーマン予想のイメージをつかんでいただいたと
ころで、リーマン予想について説明しておきましょう。リー
マン予想は、リーマン（1826年－1866年）が1859年に提出
しました。現在まで160年間ずっと未解決であり、数学最大

の難問と言われています。賞金100万ドルが懸けられていることでも有名です。では、なぜ未解決なのでしょうか。たくさんの試みがあったことは事実です。たとえば、リーマン予想150周年の2009年に出版された『リーマン予想の150年』（黒川信重／岩波書店）にいろいろな試みの歴史が書いてあります。本書ではこの試みのいくつかを紹介しながら、リーマン予想に迫ってみたいと思います。

コラム

ゼータは生き物である

$\zeta(s)$について、ちょっとたとえ話をしてさらに親しみを持ってもらいましょう。筆者はゼータをよく植物や動物などの生き物にたとえます。

図4

ゼータ　　　　　　　　　　　地球生物

生物の構成要素である、核、ミトコンドリア、葉緑体、べん毛がゼータ惑星ではH（双曲）、O（円）、P（放物）、E（楕円）に対応すると考えるのです。ゼータの多様性も見えてきませんか？　みなさんよくご存知のように、葉緑体というのは、光合成の基本要素です。ゼータ

惑星ではリーマン予想がその役割を担うのです。ゼータ関数 $\zeta(s)$ とリーマン予想の関係がなんとなく見えてきたでしょうか。

 リーマン予想をロゼッタストーンになぞらえる

　ロゼッタストーンという石の名前を聞いたことがあるでしょうか？　ロゼッタストーンは、1799年エジプトのロゼッタで発見されました。歴史ではよくでてくる名前です。現在はイギリスの首都ロンドンの大英博物館にあります。大英博物館にいったいきさつについては、『ヒエログリフ解読史』（原書房／ジョン・レイ著）などに詳しく書かれています。

　ロゼッタストーンは3つのパートに分かれています。下から上に上がるにつれて、解読が難しくなってきます。もっとも易しいのは、一番下のギリシャ文字で書かれているものです。内容はギリシャ語なので、すぐにわかったといわれています。ちなみに書かれたのはBC196年3月27日です。解読に成功したのは1822年で、フランス人のシャンポリオンという学者でした。エジプトの石にギリシャ文字が使われていた理由として、当時の高官がギリシャ文化にあこがれていたから

と言われています。フランスアカデミー会員の数学者フーリエ（1768年–1830年；フーリエ級数で有名）はナポレオン軍のエジプト遠征に同行し、歴史文化調査を担当していたため、ロゼッタストーンの発見の現場にも立ち会うことができました。その後興味を抱いて調べたり広めたりするようになったと言われています。

図5 ロゼッタストーンとリーマン予想の類似

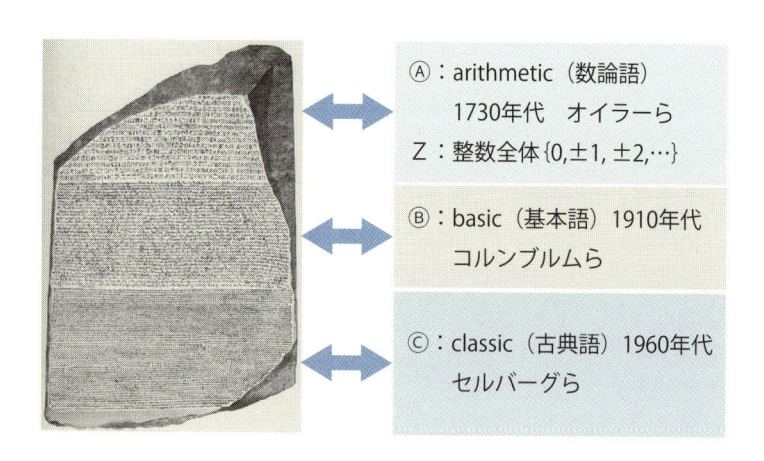

真ん中はデモティク語（民衆文字と呼ばれる古代エジプト文字）という言葉で書かれています。1814年に物理学者のトマス・ヤング（1773年–1829年）が解読しました。これにより、1822年にシャンポリオンが石の最も難しいというヒ

エログリフ語の部分の解読に成功したのです。ヒエログリフ語は、象形文字のような言葉と考えればよいでしょう。

　実は3パートとも書いてあることは同じでした。BC196年頃のエジプトの支配者を讃える内容だったそうです。解読の根本となったのは、プトレマイオスやクレオパトラというような固有名詞（人名）を手がかりにして文字を特定して行く作業でした。たとえば、「プトレマイオス王というすばらしい人がいます」や「クレオパトラというすばらしく美しい人がいます」という文章がどの段にも対応してあるはずで、それだけでも何文字か判明します。

　「ロゼッタ石」は本来のロゼッタ石だけでなく、ある問題解明の重要な鍵となるものも指すようになっています。本書でも、素数解明の鍵となる「素数ロゼッタ石」を想定しています。その解読の根本となるのは、やはり、「固有名詞」となるのでしょう。私たちの「素数ロゼッタ石」にも、3つの言語（文字）で「ゼータというすばらしく美しい関数があって、リーマン予想をみたしています」という文章が書かれているように思えます。このように、ここではこのロゼッタストーンを数論のゼータ研究になぞらえて考えていきます。つまり、"素数のロゼッタ石"というものを考察して、素数研究のヒントを得たいと思います。

　それでは、ロゼッタストーンが3つにわかれていることは、

リーマン予想とどう対応づけることができるのでしょうか。着目点は、整数を多項式のように考えることにあります。すると、素数は「素な多項式」（分解しない多項式）に対応するということになります。これは絶対数学の基本です（図5）。

A…素数

B…素な多項式（有限体上）

C…素な多項式（複素数体上）

絶対数学

絶対数学とは整数を1元体$\mathbb{F}_1$係数の多項式と考えることを基本とする数学です。体（たい）について$\mathbb{F}_2$を例にしてみましょう。

$\mathbb{F}_2 = \{0, 1\}$

加法	乗法	減法	除法
$0 + 0 = 0$	$0 \times 0 = 0$	$0 - 0 = 0$	$0 \div 0$は決めない
$0 + 1 = 1$	$0 \times 1 = 0$	$0 - 1 = 1$	$0 \div 1 = 0$
$1 + 0 = 1$	$1 \times 0 = 0$	$1 - 0 = 1$	$1 \div 0$は決めない
$1 + 1 = 0$	$1 \times 1 = 1$	$1 - 1 = 0$	$1 \div 1 = 1$

この章で見る通り、多項式の場合にはフェルマー予想も難しくなく証明できます。第5章で見る通り、リーマン予想の場合も同様です。また、数論のほかの予想（*abc*予想など）も同じ状況になっています（付録を見てください）。そこで、整数も多項式のように扱いたいという思いが強くなります。その希望を実現しようとするのが絶対数学（Absolute Mathematics）です。数学を1元体という根底から考えるものです。詳しくは次の本を読んでみてください。

黒川信重・小山信也『絶対数学』日本評論社, 2010年.

　絶対数学の著名な研究者としては、マニン、スーレ、ダイトマー、シャイ・ハラン、コンヌ、コンサニという数学者が挙げられます。コンヌはフィールズ賞受賞者としても有名です。

　絶対数学の定式化にはいろいろなものがありますが、簡単に書きますと

$$\mathbb{Z} = \mathbb{F}_1[2, 3, 5, 7, \cdots]$$

という多項式表示（素数2, 3, 5, 7, …が“変数”）が基本になります。1元体$\mathbb{F}_1$はすべてのものの根底になっています。望月新一さんの*abc*予想の研究でも、$\mathbb{F}_1$上の幾何学（とくに$\mathbb{F}_1$

上の楕円曲線のモジュライ空間や $\mathbb{F}_1$ 上のフロベニウスの実現などが研究途上の指針となっていました）が重要になっています。

　数学の世界では、ⒷやⒸについては、リーマン予想は証明が済んでいますが、Ⓐでは未解決です。また、皆さんがよく知るフェルマー予想については、1995年にアンドリュー・ワイルズが現代数学を駆使してⒶの場合に解決に至ったわけですが、ⒷやⒸの場合には、19世紀に解決されています。

　まず手始めに、フェルマー予想をロゼッタストーン形式で考えてみましょう。フェルマー予想とはこういうものでした。

　$a,\ b,\ c > 1$　互いに素な整数, $n \geqq 3$
ならば
$$a^n + b^n = c^n$$
は不成立である。

　これを $C[t]$ という複素数係数の多項式という整数の類似で考えると次のように書き換えることができます。

> $a(t)$, $b(t)$, $c(t)$：複素数係数の定数でない多項式で互いに素、$n \geq 3$ならば
> $$a(t)^n + b(t)^n = c(t)^n$$
> は不成立である。

　ただし、「互いに素」とは共通零点（共通根）を持たないことをここでは意味しています。

　これは1879年にR.リュービルが証明しています。ただし、定数の反例としては、次のような式があります。なお、R.リュービルは「リュービルの定理」や「リュービル超越数」などで有名なJ.リュービルとは別の人です。

$$1^n + 1^n = (\sqrt[n]{2})^n$$

実際に上の予想を微分

$$(a_0 + a_1 t + \cdots + a_n t^n)'$$
$$= a_1 + 2a_2 t + \cdots + na_n t^{n-1}$$

を使って証明してみましょう。

　今、$a(t)^n + b(t)^n = c(t)^n$ と仮定し、矛盾を導きましょう。

微分すると、

$$na'(t)a(t)^{n-1} + nb'(t)b(t)^{n-1} = nc'(t)c(t)^{n-1}$$

となるので、両辺をnでわると

$$a'(t)a(t)^{n-1} + b'(t)b(t)^{n-1} = c'(t)c(t)^{n-1}$$

となります。ここで、

$$a(t)\underline{a(t)^{n-1}} + b(t)\underline{b(t)^{n-1}} = c(t)\underline{c(t)^{n-1}} \quad \cdots\text{①}$$
$$a'(t)\underline{a(t)^{n-1}} + b'(t)\underline{b(t)^{n-1}} = c'(t)\underline{c(t)^{n-1}} \quad \cdots\text{②}$$

の下線部分に注目して連立方程式のように解いてみます。

① × $b'(t)$ − ② × $b(t)$ をつくり、それを③としましょう。

$$(a(t)b'(t) - a'(t)b(t))a(t)^{n-1} =$$
$$(b'(t)c(t) - b(t)c'(t))c(t)^{n-1} \quad \cdots\text{③}$$

～～～部分は0ではないことが次のようにしてわかります。

もし0ならば、

$$\left(\frac{a(t)}{b(t)}\right)' = \frac{a'(t)\,b(t) - a(t)\,b'(t)}{b(t)^2}$$

$$= 0$$

ですから、$a(t) = b(t) \times$ 定数となり、互いに素であることに矛盾します。

　ここで、互いに素とは、共通根がないことでしたから、③より $a(t)^{n-1}$ は右辺の第 1 因子 $b'(t)\,c(t) - b(t)\,c'(t)$ をわり切るということがわかります。

$$a(t)^{n-1}\,d(t) = b'(t)\,c(t) - b(t)\,c'(t) \cdots ④$$

と書けるので、次数を比較し、最終的に $n < 3$ となり、$n \geqq 3$ に矛盾するという結論にいたります。

　そこで、次数だけに着目してみましょう。deg で多項式の次数（degree）を表します。等式④の両辺の次数を見ると

$$
\begin{aligned}
(n-1)\deg(a) + \deg(d) &= \deg(a(t)^{n-1} \cdot d(t)) \\
&= \deg(b'(t)\,c(t) - b(t)\,c'(t)) \\
&\leqq \deg(b) + \deg(c) - 1
\end{aligned}
$$

および

$$(n-1)\deg(a) \leqq (n-1)\deg(a) + \deg(d)$$

ですから、

$$n \cdot \deg(a) \leqq \deg(a) + \deg(b) + \deg(c) - 1$$
$$< \deg(a) + \deg(b) + \deg(c)$$

が成り立ちます。b, c についても同様に考えると、

$$n \cdot \deg(b) < \deg(a) + \deg(b) + \deg(c)$$
$$n \cdot \deg(c) < \deg(a) + \deg(b) + \deg(c)$$

ですから、三つの辺々を足すと、

$$n < 3$$

となり、$n \geqq 3$ に矛盾します。

（証明終わり）

ちなみに、$n = 2$ のとき、解はたくさんあります。たとえば、多項式 $f(t)$ に対して

$$(f(t)^2 - 1)^2 + (2f(t))^2 = (f(t)^2 + 1)^2$$

です。なお $f(t) = 2$ という定数多項式のときは

$$(2^2 - 1)^2 + (2 \cdot 2)^2 = (2^2 + 1)^2$$
$$3^2 + 4^2 = 5^2$$

となって、これはみなさんがよく知るピタゴラスの三角形の3辺 $3, 4, 5$ です。

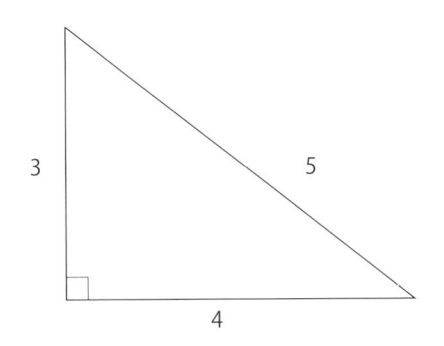

図6

さて、望月新一さん（京都大学数理解析研究所教授）が2012年8月に abc 予想の証明を完了したとのニュースが流れて大騒ぎになりました。4部からなる総計500ページにのぼる論文は彼のホームページに置かれています。彼の方法は絶対数学の一環です。abc 予想というのは方程式 $a + b = c$ をみたす互いに素な自然数 a, b, c について、c を積 abc の素因子成分によって上からおさえるという不等式の予想です。付録（1）を見てください。それがよい形で成立すると、フェルマー予想やモーデル予想などの有名な予想も導くことができ、数論

における影響は非常に大きいものになります。関数体上（有限体上や複素数体上）では、むずかしくなく証明することができます。それは、ここで解説したとおり、フェルマー予想の類似物が関数体上では容易に解くことができることに対応しています。証明自体も微分を使う方針にすると同様です。また、関数体上のフェルマー予想は関数体上の abc 予想をまず証明し、その応用として導くこともできます。詳しくは付録を見てください。

2019年4月現在、望月論文は数学専門誌に掲載されてはいませんが、6年半の間に数多くの検討がなされました。一番新しい解説は次の本です：

加藤文元『宇宙と宇宙をつなぐ数学 IUT 理論の衝撃』

角川書店，2019年4月

第 **3** 章

オイラー積ふたたび

 ## 素数はどういうふうに散らばっているの？

　ここまでくると、自然数や素数についていろいろな疑問がわいてくるのではないでしょうか。二つの数式

$$\sum_{p \leqq x} \frac{1}{p} \sim \log \log x$$

$$\sum_{n \leqq x} \frac{1}{n} \sim \log x$$

を見くらべてみるとたとえば、

　　自然数の逆数の和はどのくらい大きな∞にいくのか？
素数の逆数の和はlogをもう1回とってるから小さくなるの？
　　　　どのくらいの∞になるのか？

等々です。これらの疑問に答えるためのヒントとして次のような課題をたてることができます。

＜課題＞：素数の個数から素数の密度を求めなさい。

この課題を解決できれば、リーマン予想の解明にも少しだけ近づいたといえるでしょう。

　素数は無限にあることはこれまでの説明でわかりましたね。それではどのように分布しているのでしょうか。そのためにオイラーの L 関数を使います。L 関数とは、無限個あるゼータ全体の中心付近に位置するとイメージするとよいでしょう。リーマンゼータ $\zeta(s)$ というのはその中の特別な例として考えるのが本当は正しく、典型的な形が $L(s)$ なのです。

図7 ゼータの世界

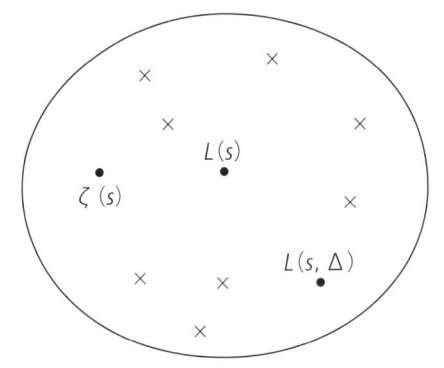

　$L(s)$ というのは奇数上だけを動かした和の関数で、式で表すと次のようになります。

$$L(s) = \sum_{n : \text{奇数}} \boxed{\frac{(-1)^{\frac{n-1}{2}}}{n^s}} = 1 - \frac{1}{3^s} + \frac{1}{5^s} - \frac{1}{7^s} + \cdots$$

交代級数

$$= \prod_{\substack{p : \text{奇素数} \\ (2\text{以外の素数})}} (1 - (-1)^{\frac{p-1}{2}} p^{-s})^{-1}$$

$$= \frac{1}{1+3^{-s}} \cdot \frac{1}{1-5^{-s}} \cdot \frac{1}{1+7^{-s}} \times \cdots$$

オイラーが発見した $L(s)$ は、ゼータ $\zeta(s)$ と次のように類似しています。

$$\zeta(1) = \infty$$

$$\zeta(2) = \frac{\pi^2}{6}$$

$$\zeta(3) = ?$$

無理数ということだけ
わかっている
（1979年アペリー）

値のわかるところの偶奇が $\zeta(s)$ と $L(s)$ ではずれている。

$$\zeta(4) = \frac{\pi^4}{90}$$

$$L(1) = \frac{\pi}{4} = 1 - \frac{1}{3} + \frac{1}{5} - \frac{1}{7} + \frac{1}{9} - \frac{1}{11} + \cdots$$

$$L(2) = ?$$

$$L(3) = \frac{\pi^3}{32}$$

$$L(4) = ?$$

$$L(5) = \frac{5\pi^5}{1536}$$

$L(1) = 1 - \dfrac{1}{3} + \dfrac{1}{5} - \dfrac{1}{7} + \cdots = \dfrac{\pi}{4}$ は高校生のみなさんならば、どこかで見たことがあるのではないでしょうか。積分でよく出てきますね。次の通りです。

$$\int_0^1 \frac{\mathrm{d}x}{1+x^2} = \int_0^{\frac{\pi}{4}} \frac{(\tan\theta)' d\theta}{1+\tan^2\theta} = \int_0^{\frac{\pi}{4}} d\theta = \frac{\pi}{4}$$

$$x = \tan\theta$$

$$\int_0^1 (1 - x^2 + x^4 - x^6 + \cdots)dx = 1 - \frac{1}{3} + \frac{1}{5} - \cdots$$

この $\dfrac{\pi}{4}$ をめぐっては17世紀にライプニッツとグレゴリーがどちらが先に発見したかをめぐって論争を繰り広げるくらい有名な値でした。しかしながら、ずっと前に、マーダヴァというインドの数学者が1400年頃の本に書いていました。

さて、オイラーは、$L(s)$ やその仲間を使って、素数のいろいろな分布を調べました。個数だけではなく、合同条件を付けて試みました。

例1 （オイラーが証明）

$$\sum_{p \equiv 1\bmod 4} \frac{1}{p}, \quad \sum_{p \equiv 3\bmod 4} \frac{1}{p}$$

2つにわけたとき
両方とも：無限大になる

4で割ると1余る素数　　4で割って3余る素数は無限個ある

$$\sum_{p \equiv 1 \bmod 10} \frac{1}{p} : 無限大$$

1ケタ目（1の位）が1の素数

　この結果、オイラーはいろいろなタイプのゼータを考える必要があるのではないかということに気がつきました。オイラー論文集にある $\frac{\pi}{4}$ を表す定理はこうです。

定理（オイラー論文集 I − 14 巻，233 ページ）

$$\frac{\pi}{4} = \frac{3 \cdot 5 \cdot 7 \cdot 11 \cdot 13 \cdot 17 \cdots}{4 \cdot 4 \cdot 8 \cdot 12 \cdot 12 \cdot 16 \cdots}$$

$$\|$$

$$L(1) = \prod_{p:奇素数} \frac{p}{p - (-1)^{\frac{p-1}{2}}}$$

$$= \frac{3}{4} \cdot \frac{5}{4} \cdot \frac{7}{8} \cdot \frac{11}{12} \cdot \frac{13}{12} \cdot \frac{17}{16} \cdots$$

正しい式（証明には素数定理が必要）
収束が遅い。

　この定理の右辺だけを見ると、πが出てくる気配はありませんが、円周率πと意外にも関係してくるということは大いに注目に値するでしょう。

「深リーマン予想」として最近注目を集めているのは

$$\left\llbracket \prod_{p:\text{奇素数}} \left(1 - \frac{(-1)^{\frac{p-1}{2}}}{p^{\alpha}}\right)^{-1} \text{ が } \alpha = \frac{1}{2} \text{ でも収束するだろう}\right\rrbracket$$

という予想です。オイラーの上記の結果は $\alpha = 1$ のときです。中間の $\frac{1}{2} < \alpha < 1$ の場合がリーマン予想の対応物です。

深リーマン予想を理解するために、オイラーによる関数等式（1750年ころ）について紹介しておきましょう。関数等式は

$$\zeta(s) \longleftrightarrow \zeta(1-s)$$
$$\text{☼} \qquad\qquad \text{☽}$$
$$L(s) \longleftrightarrow L(1-s)$$

という s と $1-s$ の対応を表す式で、ζ 関数の美しい性質の一つとして有名です。$\zeta(s)$ の場合、オイラーが太陽と月の双対性を発見し、予想したのです。

$$\text{☼} \quad 1^m - 2^m + 3^m - 4^m + 5^m - 6^m + 7^m - 8^m + \text{etc}$$
$$\text{☽} \quad \frac{1}{1^n} - \frac{1}{2^n} + \frac{1}{3^n} - \frac{1}{4^n} + \frac{1}{5^n} - \frac{1}{6^n} + \frac{1}{7^n} - \frac{1}{8^n} + \text{etc}$$

これらが、$n = m + 1$ のときに本質的に一致するというものです。対称性を見てみましょう。

$$\zeta(0) = \text{``}1 + 1 + 1 + 1 + \cdots\text{''}$$
$$= -\frac{1}{2}$$

$$\zeta(1) = 1 + \frac{1}{2} + \frac{1}{3} + \frac{1}{4} + \cdots$$
$$= \infty$$

$$\zeta(-1) = \text{``}1 + 2 + 3 + 4 + \cdots\text{''}$$
$$= -\frac{1}{12}$$

$$\zeta(2) = 1 + \frac{1}{4} + \frac{1}{9} + \frac{1}{16} + \cdots$$
$$= \frac{\pi^2}{6}$$

$$\zeta(-2) = \text{``}1 + 4 + 9 + 16 + \cdots\text{''}$$
$$= 0$$

$$\zeta(3) = 1 + \frac{1}{8} + \frac{1}{27} + \frac{1}{64} + \cdots$$
$$= ?$$

収束の非対称性

$$\zeta(s) = \sum_{n=1}^{\infty} n^{-s} \begin{cases} \mathrm{Re}(s) > 1 : 収束 \\ \mathrm{Re}(s) \leqq 1 : 発散 \end{cases}$$

$$L(s) = \sum_{n : 奇数} (-1)^{\frac{n-1}{2}} n^{-s} \begin{cases} \mathrm{Re}(s) > 0 : 収束 \\ \mathrm{Re}(s) \leqq 0 : 発散 \end{cases}$$

　リーマンの中心線はオイラーの関数等式から出ています。リーマン予想は"本質的な零点はすべて実部が $\frac{1}{2}$ の上にある"ということでしたが、なぜそれ以外のところにないのでしょうか。それはオイラー積と関数等式が鍵です。

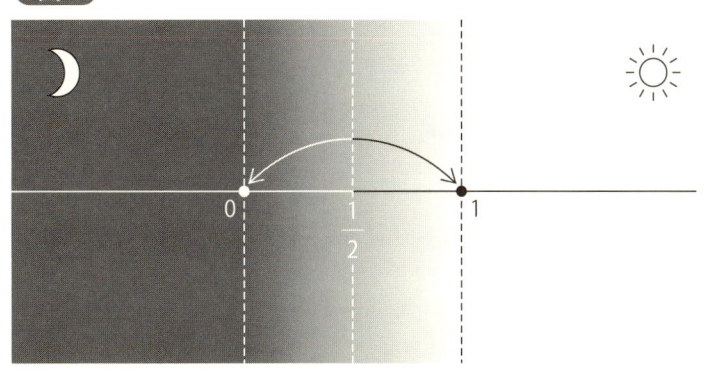

図8

　ここではオイラーの調べた$L(s)$というオイラー積のみを例にとって説明しましたが、それはオイラー積の世界では普通の例です。オイラー積の一般的な性質は次のようなものです：

1）　素数に関する積
2）　解析接続ができる（期待）
3）　関数等式をもつ（期待）
4）　リーマン予想の類似をみたす（期待）

　本書でこれまでにとりあげたものでは、リーマンゼータ関数$\zeta(s)$とオイラーのL関数$L(s)$が代表的なものです。通常は、説明が簡単なために$\zeta(s)$がゼータ関数への導入に用い

られ、実際に、それだけを取り上げている入門書も少なくありません。ただ、これはオイラー積（ゼータ関数）全体から見るとむしろ例外にあたっています。そのことが一番良く現れているのは極をもつかどうかです。一般に、極をもつオイラー積は$\zeta(s)$のみ（つまり、極をもつオイラー積があれば、それは$\zeta(s)$を因子にもつ）と思われています。したがって、ほとんどのオイラー積は極をもたないわけです。たとえば、第4章で解説するラマヌジャンのオイラー積はそのようなものです。そのようにして、オイラー積の例としては$L(s)$のほうが一般性をもっていると言えます。

　ところで、さまざまなオイラー積を考える意義はどこにあるのでしょうか？　それは、オイラー積ごとに、素数のさまざまな状態を見られるというところにあります。$\zeta(s)$では素数の大きさのみの情報でしたが、$L(s)$では素数が4で割っていくつ余るかという情報が入っています。オイラー積が複雑になればなるほど得られる情報も豊富になる、ということになります。オイラー積は無限に存在します。素数の世界について、どのようなことがそれらからわかるかは、まだまだ解明されていません。

 **コラム**

オイラー全集

　オイラーは数学史上最大の数学者だとよく言われます。それは、本書で紹介するゼータ関数のオイラー積・関数等式・特殊値表示等々の基本性質をすべて発見してしまったということにも見られるように、各々の業績が素晴らしいことはもちろんです。さらに、オイラーの場合に特徴的なことはそれらの業績の総量が考えられないほどの超人的な量になっているという点です。それは、『オイラー全集（Leonhard Euler, Opera Omnia）』を見てもらうと、一目瞭然です。各巻500ページくらいの大型本で80巻ほどになっていて、まだ完結していません。そのうち最初の30巻ほど（第Iシリーズ）が数学です。

　本書で紹介している定理のいくつかはオイラー自身による記述を全集で読むことができます。現在では、この全集の他にウェブサイト「The Euler Archive」

eulerarchive.maa.org

が充実していて便利です。ここでは、無料でオイラーの原論文（最初に発表された雑誌からのコピー版）を読むことができます。また、種々の検索機能もついています。皆さんも、オイラーの全体像を見ることに挑戦してみてください。

オイラーの全集を読むときのヒントを一つ教えましょう。それは、自分の年齢と同じとき（あるいは近いとき）にオイラーが書いていた論文から読むことです。そうすると、オイラーを身近に感じてくるでしょう。

　オイラーは20歳になってすぐに論文を書きはじめ、70歳を超えても研究して論文にまとめていましたので、この方法は広い層の読者に楽しみを与えてくれます。オイラーの若い頃は、発想豊かで元気な論文が多くて楽しいです。驚いたことに、年をとってきてからも―とくに60歳を超えてからも―迫力のある論文がどんどん出ています。実際、私は、オイラー全集を読んでいるうちに、オイラーはタイムマシンに乗って、300年先の未来を訪問して、その時代の数学まで研究したのではないかと思ってしまいました（p.141参照）。私たちは、まだ、本当のオイラーを知らないのでしょう。

第4章

オイラー積を発見したラマヌジャン

 ## オイラー積とラマヌジャン予想

オイラー積を語る上で欠かせない数学者の1人に南インド出身のラマヌジャン（1887年 – 1920年）がいます。ラマヌジャンは1916年に初めて2次のオイラー積を発見しました。それまではオイラー積は1次だけでした。どういうことかといいますと、

$$\zeta(s) = \sum_{n=1}^{\infty} n^{-s} = \prod_{p:\text{素数}} (1 - p^{-s})^{-1}$$

のように中身が p^{-s} の1次式のゼータだけだったのです。2次のオイラー積により、みなさんもよく知るフェルマー予想の解決ができたのです（1995年）。

ラマヌジャンは無限積をべき級数展開した式を考え、その係数 $\tau(n)$ に着目しました。

$$\Delta = q \prod_{n=1}^{\infty} (1 - q^n)^{24} = \sum_{n=1}^{\infty} \tau(n) q^n$$

を計算してみましょう。

$$\Delta = q(1 - q)^{24}(1 - q^2)^{24}(1 - q^3)^{24}\cdots$$

$$= q\,(1 - {}_{24}\mathrm{C}_1 q + {}_{24}\mathrm{C}_2 q^2 - \cdots)\,(1 - {}_{24}\mathrm{C}_1 q^2 - \cdots)\cdots$$

$$= q\,(1 - 24q + 276q^2 - \cdots)\,(1 - 24q^2 + \cdots)\cdots$$

$$= q\,(1 - 24q + (276 - 24)q^2 + \cdots)\cdots$$

$$= q - 24q^2 + 252q^3 + \cdots$$

　ラマヌジャンは係数 $\tau\,(n)$ をひたすら計算しました。それは、次のような値になります。

$$\tau\,(1) = 1$$
$$\tau\,(2) = -\,24$$
$$\tau\,(3) = 252$$
$$\tau\,(4) = -\,1472$$
$$\tau\,(5) = 4830$$
$$\tau\,(6) = -\,6048$$
$$\tau\,(7) = -\,16744$$
$$\tau\,(8) = +\,84480$$
$$\tau\,(9) = -\,113643$$
$$\vdots$$

　一見するとランダムな数字が出てきているようですが，どんな法則が見つかりますか？

　Δ は数学用語では重さ12の保型形式と呼ばれるものです。ラマヌジャンはそのゼータを考え、2つの予想を立てま

した。これはゆくゆくリーマン予想に大いに関係してくるのです。

ラマヌジャンのゼータ $L(s, \Delta) = \sum_{n=1}^{\infty} \tau(n) n^{-s}$

予想 1

$$\sum_{n=1}^{\infty} \tau(n) n^{-s} = \prod_{p:\text{素数}} (1 - \tau(p) p^{-s} + p^{11-2s})^{-1}$$

予想 2 （ラマヌジャン予想）

$$p \text{ が素数のとき } |\tau(p)| < 2p^{\frac{11}{2}}$$

これは言い換えますと

$$\tau(p)^2 - 4p^{11} \leqq 0$$

$$\Leftrightarrow \quad -1 \leqq \frac{\tau(p)}{2p^{\frac{11}{2}}} \leqq 1$$

$$\Leftrightarrow \quad \frac{\tau(p)}{2p^{\frac{11}{2}}} = \cos(\theta_p), 0 \leqq \theta_p \leqq \pi \text{ となる } \theta_p \text{ がただ1つ決まる、}$$

ということになります。

予想1については1917年にモーデルが、予想2については、ドリーニュが1974年に証明しました。ドリーニュはそれによりフィールズ賞を受賞しました。この予想2はさらに深化し、θ_pの分布の様子を調べるという佐藤・テイト予想（佐藤幹夫が1963年に提出し、テイトが1964年にゼータを用いて解釈を与え、テイラーたちによって2011年に証明された）へとつながっていきます。これは、いままでゼータの零点の実部ばかりに目を向けていましたが、ゼータの零点の虚部θ_p、つまり偏角も考えるという点でとても重要な予想です。

　具体的な式は次の

　局所ゼータ

$$1 - \frac{\tau(p)}{p^s} + \frac{p^{11}}{p^{2s}} \quad \cdots\cdots *$$

において、局所リーマン予想は

$$\text{零点はすべて、} \mathrm{Re}(s) = \frac{11}{2} \text{上にある}$$

というものでした。$u = p^{-s}$とおくと、*は

$$1 - \tau(p)u + p^{11}u^2 \cdots\cdots **$$

となります。ここで、2次方程式の判別式を思い出してみましょう。＊＊が虚根をもつ条件は、

$$\tau(p)^2 - 4p^{11} \leqq 0$$

となります。$p^s = \alpha, \overline{\alpha}$ の各々から、

$$|\, p^s \,| = p^{\frac{11}{2}}$$

です。これをよく見ると、実部が $\mathrm{Re}(s) = \dfrac{11}{2}$ となります。なぜなら、次をみるとわかるでしょう。

$$
\begin{aligned}
p^{\frac{11}{2}} = |\, p^s \,| &= |\, e^{s\log p} \,| \\
&= e^{\mathrm{Re}(s\log p)} \\
&= p^{\mathrm{Re}(s)} \\
\therefore \mathrm{Re}(s) &= \frac{11}{2}
\end{aligned}
$$

　ここで、リーマン予想でよくみかける式を5ずらしたものがでてきました。虚部もきちんと書くと

$$s = \boxed{\frac{11}{2}} + \boxed{\frac{2\pi m \mp \theta_p}{\log p}}\, i \quad (m \in Z)$$

実部　　　　虚部

となります。予想の形でまとめておきましょう。

佐藤・テイト予想

$0 \leqq \alpha < \beta \leqq \pi$ に対して

$$\lim_{x \to \infty} \frac{|\{p \leqq x \mid 素数,\ \alpha \leqq \theta_p \leqq \beta\}|}{|\{p \leqq x \mid 素数\}|}$$

$$= \int_{\alpha}^{\beta} \frac{2}{\pi} \sin^2 \theta \, d\theta$$

極限の式の分子は条件をみたす素数 p の個数を数える式、分母は x 以下の素数の個数を数える式 $\pi(x)$ です。積分内の式は次のような釣鐘形になります。「θ_p は $\frac{\pi}{2}$ あたりに多く分布する」と予想されることを表しています。

図9

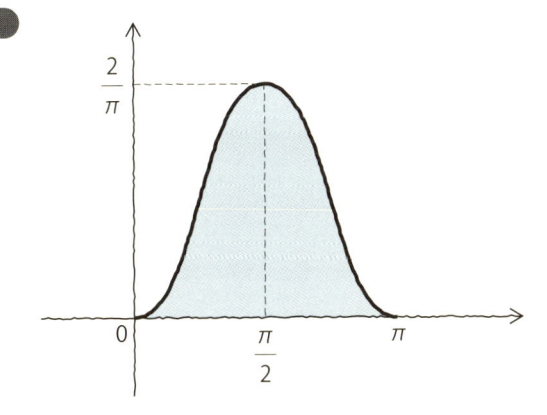

$\alpha = 0$、$\beta = \pi$ のときは、$\displaystyle \int_0^\pi \frac{2}{\pi}\sin^2\theta\, d\theta = 1$ で、比も 1 になります。

さて、2次のオイラー積の表示によりフェルマー予想が解けたと書きました。どこでオイラー積表示が威力を発揮しているのか知るために、ざっくり証明してみましょう。

$$a^p + b^p = c^p$$

（$a,\ b,\ c \geqq 1$ の自然数で互いに素、$p \geqq 3$ は素数）

が成り立つとします。フライは1980年代中頃にこれから作られる次の楕円曲線 E を考えました。

$$E : y^2 = x(x - a^p)(x + b^p)$$

ワイルズは E に対応する保型形式 F が存在してゼータ関数の一致

$$L(s,\ E) = L(s,\ F)$$

が成立することを証明しました。これは、もともとは谷山予想と呼ばれていました：谷山豊（1927年 – 1958年）が1955年に提出した予想です。しかし、対称性 $s \Leftrightarrow 2 - s$（関数等式）

を見ると矛盾がおき、このような a, b, c は存在しないということになるのです。これは背理法という考え方です。

なお、$n = 1, 2, 3, \cdots$ に対しても n 次のオイラー積の一般論をラングランズ（1936年カナダ生れ）が作っていて、「関数等式をもつような良い n 次のオイラー積は n 次の群 $GL(n)$ の保型形式から来るもので尽きるだろう」というラングランズ予想を構成しました。フェルマー予想に使われたのは $n = 2$ の場合になっています。

佐藤・テイト予想は2011年にテイラーたち4人組によって証明されました。その証明はラングランズ予想を $GL(n)$（$n = 2, 3, 4, \cdots$）にわたって必要となる範囲で確立して使うという大がかりなもので、フェルマー予想の証明をずっと難しくしたものになっています。

その鍵になるものは68ページで紹介したゼータ

$$L(s, \Delta) = \sum_{n=1}^{\infty} \tau(n) n^{-s} = \prod_{p:\,素数} (1 - \tau(p) p^{-s} + p^{11-2s})^{-1}$$

を拡張した

$$L_m(s, \Delta) \quad (m = 1, 2, 3, \cdots)$$

を考えることです。まず、$m = 1$ のときは2次のオイラー積

$$L_1(s, \Delta) = L(s, \Delta)$$

$$= \prod_{p:\text{素数}} \left[(1 - \alpha(p) p^{-s})(1 - \overline{\alpha(p)} p^{-s}) \right]^{-1}$$

です。ここで、

$$\begin{cases} \alpha(p) + \overline{\alpha(p)} = \tau(p), \\ \alpha(p) \, \overline{\alpha(p)} = p^{11}, \end{cases}$$

です。次に、$m \geqq 2$ のときは $m+1$ 次のオイラー積

$$L_m(s, \Delta)$$
$$= \prod_{p:\text{素数}} \left[(1 - \alpha(p)^m p^{-s})(1 - \alpha(p)^{m-1} \overline{\alpha(p)} p^{-s}) \cdots (1 - \overline{\alpha(p)}^m p^{-s}) \right]^{-1}$$

です。

　要点は、$m = 1$、2、3、…のすべてに対して

　『$L_m(s, \Delta)$ はすべての複素数 s へと正則関数として解析接続できて、$\mathrm{Re}(s) \geqq 1 + \dfrac{11m}{2}$ において零点をもたない』

ということを証明することです。このことを、$\mathrm{GL}(m+1)$ に対するラングランズ予想を必要なだけ確立することによって、佐藤・テイト予想の証明は2011年に完了しました。解

説については次も参照してください：

黒川 信重『ガロア理論と表現論：ゼータ関数への出発』

日本評論社、2014年.

 ## ラマヌジャンの発想力

　ラマヌジャンは変わった人の多い数学者の中でも、ひとき わ特異な人です。彼は、インドに生まれ、幼少期から数字に 異常なほど強い関心を持った少年でした。計算することが喜 びだったようです。この章で紹介したラマヌジャン予想もそ のような計算から発見されました。もともとは、保型形式・ 保型関数という分野の内容なのですが、ラマヌジャン以前に は、そのようなところに、オイラー積をもつゼータ関数が隠 されているということを、誰も想像さえしませんでした。

　その予想の内容も、大変な量の数値計算を手計算で行って やっと発見・推測される、というもので、いまから思っても、 ラマヌジャン以外の人にできたとは考えられません。数学に おいては、発見すべき人が発見すべきときに見つけ出さない と、そのままずっと後々まで暗闇に埋もれるものが多いと実 感します。現代では、数値計算は、かなりの程度コンピュー ターがやってくれます。しかし、何かおもしろそうなことが

起こりそうだということは、人間の勘に頼る必要があります。実際、コンピューターに計算させると、大量のデータが出てきますが、そこから意味を見出すのは人間の仕事です。

　ラマヌジャンの数学的力は新しいことを発見することに特に向いていたようです。ただ、他の人が理解できるように証明を付ける必要がある、という考え方には、なかなか慣れなかったようです。それは、第一次世界大戦の時期にイギリスでハーディやリトルウッドと共同研究を行っていた頃でも、そうだった様子がハーディの書いたものから推測されます。

　ラマヌジャンの資質は現代数学に希求されるものです。と言いますのは、20世紀の後半からは、数学のいろいろな予想（ラマヌジャン予想やフェルマー予想や佐藤テイト予想は代表的なものです）が解けたのは良いのですが、実は、これは一方では困った状態を引き起こしています。それは、数学の問題解きを重視するという風潮です。たとえば、フィールズ賞の受賞内容がほとんど問題解決になっていることに端的に表れています。たしかに、数学の問題が解けることは数学の前進ではあります。しかし、これが、数学の新たな問題・予想を提出することをそれほど重大視しない風潮に結びつくと、数学は退化していきます。実際、数学が生き生きとしている時代とは、おもしろい未解決問題が豊富にあるときです。この点で、現代数学は危機を迎えています。このような時代に

こそ、未来に向けての予想・問題を提示する、新たなラマヌジャンが必要です。

ラマヌジャンについては

黒川信重『ラマヌジャン探検』岩波書店，2017年

も読んでください。

 ## オイラー積表示

これまでは素数についてゼータ関数を見てきました。さらに考える範囲を素の多項式（それ以上積に分解できない式）に広げてみましょう。

定義

$$\zeta(s) = \prod_{p:\text{素数}} (1p^{-s})^{-1} = \sum_{n=1}^{\infty} n^{-s}$$

$$\zeta_{\mathbb{F}_p[T]}(s) = \prod_{\substack{h:\text{素多項式} \\ (\text{既約で最高次}1)}} (1 - N(h)^{-s})^{-1}$$

$$= \sum_{\substack{f:\text{多項式} \\ (\text{最高次}1)}} N(f)^{-s}$$

※ N はノルム（大きさ）を表す

$$N(f) = p^{\deg(f)}$$

例えば、$p = 3$ のとき、$\zeta_{F_3[T]}(s) = (3^0)^{-s} + 3 \cdot (3^1)^{-s} + 9 \cdot (3^2)^{-s} + \cdots$ となります。$3^{-s} = u$ とおけば、等比級数になることがわかります。

$$\begin{aligned} \zeta_{F_3[T]}(s) &= 1 + 3u + 9u^2 + \cdots \\ &= \frac{1}{1-3u} = \frac{1}{1-3^{1-s}} \end{aligned}$$

これをオイラー積で考えてみると次のようになります。

$$\zeta_{F_3[T]}(s) = (1-u)^{-3} \times (1-u^2)^{-3} \times (1-u^3)^{-8} \times \cdots$$
$$\text{ただし、} u = 3^{-s}$$

1次で素であるものが3つ

2次で素であるものが3つ　$\left(\dfrac{3^2 - 3}{2} = 3 \right)$

3次で素であるものが8つ　$\left(\dfrac{3^3 - 3}{3} = \dfrac{24}{3} = 8 \right)$

という意味です。ですから、この式はさらに

$$(1 - 3^{-s})^{-3}(1 - 9^{-s})^{-3}(1 - 27^{-s})^{-8} \times \cdots$$

と表すことができます。無限積を簡単な形に表すことができ

ることがおわかりいただけたでしょうか。これを成しとげた
のがコルンブルム（ドイツ）です。コルンブルムは20代で
亡くなってしまったこともあり、有名な数学者ではありませ
んが、その影響は合同ゼータ関数論の創始者としてとても大
きいものです。次の章でその様子を見ましょう。

Memo

第 **5** 章

コルンブルムと
セルバーグ

　リーマン予想の証明されている場合、つまり⑧と⑥のゼータについて説明しましょう。⑧とは「合同ゼータ関数」、⑥とは「セルバーグゼータ関数」です。

　合同ゼータ関数の始まりは、20世紀初頭のコルンブルム（1890年 – 1914年）の研究です。コルンブルムは、まだ学生だった1914年に第一次世界大戦で出征して戦死してしまったため、論文は1919年に先生であったランダウが編集して出版されました。

　一方、セルバーグゼータ関数の始まりは、20世紀中頃のセルバーグ（1917年 – 2007年）の研究です。セルバーグはリーマン面やその基本群という、それまではゼータ関数の対象にならなかったもののゼータ関数を研究しました。

 コルンブルムの研究

　素数 p に対して

$$\mathbb{F}_p = \{0, 1, \cdots\cdots, p-1\}$$

を p 元体とします。これは四則演算を通常の整数の演算 $\mathrm{mod}\,p$（p で割った余りを答えとする）で入れたものです。「$\mathrm{mod}\,p$」とは、p に関する「合同」です。

第2章で紹介しましたが、有限体Fはこういうものでした。たとえば、$p = 2$ としますと

$\mathbb{F}_2 = \{0, 1\}$

加法	乗法	減法	除法
$0 + 0 = 0$	$0 \times 0 = 0$	$0 - 0 = 0$	$0 \div 0$ は決めない
$0 + 1 = 1$	$0 \times 1 = 0$	$0 - 1 = 1$	$0 \div 1 = 0$
$1 + 0 = 1$	$1 \times 0 = 0$	$1 - 0 = 1$	$1 \div 0$ は決めない
$1 + 1 = 0$	$1 \times 1 = 1$	$1 - 1 = 0$	$1 \div 1 = 1$

となっています。

コルンブルムの研究は、$\mathbb{F}_p$ 係数の多項式全体

$$\mathbb{F}_p[T] = \{\, a_0 + a_1 T + \cdots\cdots + a_n T^n \mid a_i \in \mathbb{F}_p \,\}$$

が整数全体

$$\mathbb{Z} = \{\, 0, \pm 1, \pm 2, \cdots\cdots \,\}$$

とよく似ているというのが発端となっています。

$\mathbb{F}_p[T]$ のゼータ関数は

$$\zeta_{\mathbb{F}_p[T]}(s) = \sum_{\substack{f \in \mathbb{F}_p[T] \\ (\text{最高次係数は}1)}} N(f)^{-s}$$

と定義します。ここで $N(f) = p^{\deg(f)}$ は f のノルム（大きさ）で、$\deg(f)$ は f の次数です。たとえば、$p = 2$ですと、

$$\mathbb{F}_2[T] = \{\ 0,\ \ \underset{\substack{0次 \\ 1個}}{1},\ \ \underbrace{T,\ T+1,}_{\substack{1次 \\ 2個}}\ \underbrace{T^2,\ T^2+1,\ T^2+T,\ T^2+T+1,}_{\substack{2次 \\ 4個}}$$

$$\underbrace{T^3,\ T^3+1,\ T^3+T,\ T^3+T+1,\ T^3+T^2,\ T^3+T^2+1,\ T^3+T^2+T,}_{}$$

$$\underbrace{T^3+T^2+T+1,\ ...\}}_{\substack{3次 \\ 8個}}$$

となっていて、最高次係数1の n 次多項式はちょうど 2^n 個ありますから、

$$\zeta_{\mathbb{F}_2[T]}(s) = \sum_{n=0}^{\infty} 2^n \cdot 2^{-ns}$$

$$= \frac{1}{1 - 2^{1-s}}$$

となります。同様にして、一般的に

$$\zeta_{\mathrm{F}_p[T]}(s) = \sum_{n=0}^{\infty} p^n \cdot p^{-ns}$$
$$= \frac{1}{1 - p^{1-s}}$$

となります。このことから、$\zeta_{\mathrm{F}_p[T]}(s)$ の極（値が∞になるところ）は、

$$s = 1 + \frac{2\pi i}{\log p} \, m \quad (m = 0, \pm 1, \pm 2, \cdots)$$

となり、すべて直線 $\mathrm{Re}(s) = 1$ 上に乗っていることがわかります。これがリーマン予想の類似物です。

● コルンブルムのオイラー積

オイラー積から見ると、「素数」にあたる「素多項式」（最高次係数が1で、積に分解されない－既約な－もの）に関する積

$$\zeta_{\mathrm{F}_p[T]}(s) = \prod_{\substack{h \in \mathrm{F}_p[T] \\ \text{素多項式}}} (1 - N(h)^{-s})^{-1}$$
$$= \prod_{n=1}^{\infty} (1 - p^{-ns})^{-\kappa_p(n)}$$

になります。ここで、

$$\kappa_p(n) = \frac{1}{n} \sum_{d \mid n} \mu\left(\frac{n}{d}\right) p^d$$

と書けます。($\mu(n)$はメビウス関数です。)

たとえば、

$$\kappa_p(1) = p$$

$$\kappa_p(2) = \frac{p^2 - p}{2}$$

$$\kappa_p(3) = \frac{p^3 - p}{3}$$

となります。（証明は「ガロア理論」を使うとわかりやすいのですが、ここでは割愛します。） このようにして、

$$\zeta_{F_p[T]}(s) = (1 - p^{-s})^{-p} \cdot (1 - p^{-2s})^{-\frac{p^2-p}{2}} \cdot (1 - p^{-3s})^{-\frac{p^3-p}{3}} \cdots$$
$$= \frac{1}{1 - p^{1-s}}$$

となることがわかります。最後の等式は、$u = p^{-s}$とおきかえると

$$(1 - u)^p \cdot (1 - u^2)^{\frac{p^2-p}{2}} \cdot (1 - u^3)^{\frac{p^3-p}{3}} \cdots = 1 - pu$$

という等式と同じです。

いま、$p = 2$ の例を考えてみますと、

$\kappa_2 (1) = 2$ 　　　　　素多項式は $h = T, T+1$

$\kappa_2 (2) = \dfrac{2^2 - 2}{2} = 1$ 　素多項式は $h = T^2+T+1$

$$\begin{bmatrix} \text{他の2次式} \quad T^2, T^2+1, T^2+T \text{は分解します：} \\ T^2 = T \cdot T, \; T^2+1 = (T+1)(T+1), \; T^2+T = T(T+1) \end{bmatrix}$$

$\kappa_2 (3) = \dfrac{2^3 - 2}{3} = 2$ 　素多項式は $h = T^3+T^2+1, T^3+T+1$

$$\begin{bmatrix} \text{他の3次式} \; T^3, T^3+1, T^3+T, T^3+T^2, T^3+T^2+T, T^3+T^2+T+1 \\ \text{は分解します：} \\ T^3 = T \cdot T \cdot T, \; T^3+1 = (T+1)(T^2+T+1), \; T^3+T = T(T+1)(T+1) \\ T^3+T^2 = T \cdot T \cdot (T+1), \; T^3+T^2+T = T(T^2+T+1), \\ T^3+T^2+1 = T(T+1)(T+1)(T+1) \end{bmatrix}$$

のようになり、

$p = 2$ のとき

$$\begin{aligned} \zeta_{F_2[T]}(s) &= (1 - 2^{-s})^{-2} \cdot (1 - 2^{-2s})^{-1} \cdot (1 - 2^{-3s})^{-2} \cdots \\ &= \frac{1}{1 - 2^{1-s}} \end{aligned}$$

となります。最後の等式は $u = 2^{-s}$ とおきますと、

$$(1 - u)^2 \ (1 - u^2)^1 \ (1 - u^3)^2 \cdots = 1 - 2u$$

と同じことですが、

$$
\begin{aligned}
左辺 &= (1 - 2u + u^2) \ (1 - u^2) \ (1 - 2u^3 + u^6) \cdots \\
&= (1 - 2u + 2u^3 - u^4) \ (1 - 2u^3 + u^6) \cdots \\
&= (1 - 2u + 3u^4 + \cdots) \ \cdots \\
&\ \ \vdots \\
&= 1 - 2u
\end{aligned}
$$

となります。

● 極からわかること

合同ゼータ関数

$$\zeta_{\mathbb{F}_p[T]}(s) = \frac{1}{1 - p^{1-s}}$$

とリーマンゼータ関数

$$\zeta_Z(s) = \prod_{p:\text{素数}} \frac{1}{1 - p^{-s}}$$

との最も基本的な類似は、どちらも $s = 1$ で極となる（つまり、どちらも無限大になる）ということです。

リーマンゼータ関数のときは、$s = 1$ が極であることから、

「素数は無限個存在する」

ということがわかりましたが、合同ゼータ関数のときも、$s = 1$ が極であることから

「素多項式は無限個存在する」

ということがわかります。より精密には、リーマンゼータ関数のときには

「素数の逆数の和は無限大である」

ことが示せましたが、合同ゼータ関数のときも

「素多項式のノルムの逆数の和は無限大である」

ことが証明されます。

● コルンブルムのディリクレ素数定理版

コルンブルムはディリクレ素数定理の類似版を証明しました。ディリクレ素数定理のときは、

$$L(s, \chi) = \prod_{p : 素数} (1 - \chi(p)p^{-s})^{-1}$$

という形のオイラー積（χ はディリクレ指標）を使って、互いに素な自然数 N、a に対して、

$$\sum_{\substack{p \equiv a \bmod N \\ p : 素数}} \frac{1}{p} = \infty$$

が示され、とくに、$p \equiv a \bmod N$ となる素数 p は無限個存在することがわかりました。これの対応物をコルンブルムは $\mathbb{F}_p[T]$ に対して行いました。その結果、互いに素な多項式 $f(T)$、$a(T)$ に対して

$$\sum_{\substack{h \equiv a \bmod f \\ h : 素多項式}} \frac{1}{N(h)} = \infty$$

を証明しました。とくに、$h \equiv a \bmod f$ となる素多項式 h が無限個存在することがわかります。

# 合同ゼータ関数の研究の歴史

　合同ゼータ関数の研究は、コルンブルムの考察を発端として、1920年代にアルチンが深めて行きます。アルチンは、合同ゼータ関数においても一般にリーマン予想の類似物が成立することを予想し、実例を確かめました。幾何的に見ると、コルンブルムの研究は「直線」の場合で、アルチンはそれを一般の「代数曲線」の場合に拡張して考えました。リーマン予想の類似物が成立することは、ハッセ（1933年：種数1の代数曲線、つまり、楕円曲線の場合）とヴェイユ（1948年：一般の代数曲線の場合）によって証明されました。

　さらに、高次元の代数多様体版は、1949年にヴェイユがゼータ関数を構成し、1965年にグロタンディーク（1928年 − 2014年）がスキーム論（新空間論）によって合同ゼータ関数の行列式表示を与え、1974年にグロタンディークの学生ドリーニュ（1944年ベルギー生れ）がリーマン予想の類似物は一般の場合にも成立することを証明しました。ドリーニュは、その応用として、ラマヌジャンが1916年に提出したラマヌジャン予想も証明しました。

# セルバーグゼータ関数

　セルバーグゼータ関数論はセルバーグの跡公式の発見（1950年代初頭）がきっかけとなっています。セルバーグは跡公式にうまく合うように新しいゼータ関数をオイラー積によって構成し、それがリーマン予想の類似物をみたすことを証明しました。もう少し詳しく話しますと、ある群 Γ と $\chi : \Gamma \to \mathbf{C}^{\times}$ という指標に対して

$$\zeta_{\Gamma}(s, \chi) = \prod_p \ (1 - \chi(p)N(p)^{-s})^{-1}$$

がセルバーグゼータ関数です（χ はもっと一般にもできます）。ここで、p は γ の素な共役類全体 $\mathrm{Prim}(\Gamma)$ を動きます。

　一方、セルバーグ跡公式は

$$\sum_p \ M(p) = \sum_\mu \ W(\mu)$$

という形をしています。左辺は $\mathrm{Prim}(\Gamma)$ 上の和、右辺はある "スペクトル" μ に関する和です。もっと精密には

となり、μ が "スペクトル" とは G の「ディラック作用素」の固有値と同一視できることからの呼び名です。

● セルバーグゼータ関数のリーマン予想

セルバーグ跡公式を用いると、セルバーグゼータ関数は

$$\prod_p \left(1 - \chi(p)N(p)^{-s}\right)^{-1} = \prod_\mu (s - \mu)^{m(\mu)}$$

という右辺の形に因数分解できることがわかります（右辺の積は「ゼータ正規化積」というものです。→ コラム）。この右辺で $m(\mu)$ は整数ですので、$s = \mu$ で零点（$m(\mu) > 0$）あるいは極（$m(\mu) < 0$）をもつことになります。

この表示はセルバーグゼータ関数に対する行列式表示にほかなりません。ここに表れる μ を見ることによって、セルバーグゼータ関数について、リーマン予想の類似が成立することがわかります。リーマン予想のわかっている合同ゼータ関数（B）、セルバーグゼータ関数（C）ともに、ゼータ関数に対する行列式表示が示された上で、零点や極の固有値解釈にもちこんでリーマン予想が解決されたことを覚えておきましょう。

● セルバーグゼータ関数の研究の進展

セルバーグゼータ関数は1950年代前半に発見され、当初は群のゼータ関数と考えられていました。その後、群Γを基本群とする空間M（Mはリーマン面などで、$M = \Gamma \backslash G/K$という形をしている）のゼータ関数という方面に研究が進みました。このときは、「素数」は「素測地線（素ひも）」とみることになります。また、セルバーグゼータ関数の完備化から第2章のコラムで触れたHOPE成分が自然に出てきます。

図10 3つ穴ドーナツ（種数3のリーマン面）

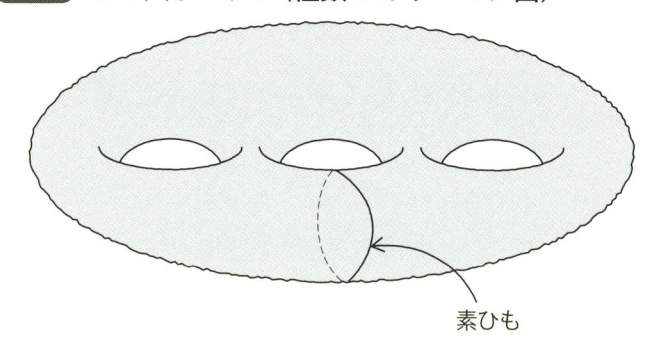

素ひも

こう解釈すると、より一般のリーマン多様体やグラフなどのゼータ関数にも拡張されて行きます。現在では、セルバーグゼータ関数は、代数・幾何・解析を総合する大きなゼータ族に発展しています。

ゼータ正規化積

"1×2×3×…"はいくつになるでしょうか？　もちろん、ふつうには∞ですが、ゼータを用いて「繰り込み」をすると有限の値が出てきます。それが、ゼータ正規化積で、その答えは、

$$"1 \times 2 \times 3 \times \cdots" = \sqrt{2\pi}$$

となります。ちなみに、ゼータ正規化和もあり、

$$"1 + 2 + 3 + \cdots" = -\frac{1}{12}$$

となります。考え方は簡単です。数の集合 $\{\lambda_1, \lambda_2, \lambda_3, \cdots\}$ に対して

$$"\lambda_1 \times \lambda_2 \times \lambda_3 \times \cdots", \quad "\lambda_1 + \lambda_2 + \lambda_3 + \cdots"$$

を考えるにはゼータ

$$Z(s) = \sum_{n=1}^{\infty} \lambda_n^{-s}$$

を構成し、$s = 0, -1$ の周辺にまで解析接続したあとに、

$$\text{“}\lambda_1 \times \lambda_2 \times \lambda_3 \times \cdots\text{”} = \exp(-Z'(0)),$$
$$\text{“}\lambda_1 + \lambda_2 + \lambda_3 + \cdots\text{”} = Z(-1)$$

とすればよいのです。

　ゼータ正規化和の方は

$$\lambda_1^{-s} + \lambda_2^{-s} + \lambda_3^{-s} + \cdots = Z(s)$$

において形式的に $s = -1$ とすると

$$\text{“}\lambda_1 + \lambda_2 + \lambda_3 + \cdots\text{”} = Z(-1)$$

となるので理解しやすいでしょう。

　ゼータ正規化積の方は、微分によって

$$\lambda_1^{-s} \log \lambda_1 + \lambda_2^{-s} \log \lambda_2 + \lambda_3^{-s} \log \lambda_3 + \cdots = -Z'(s)$$

となり、形式的に $s = 0$ とすると

$$\text{“}\log \lambda_1 + \log \lambda_2 + \log \lambda_3 + \cdots\text{”} = -Z'(0)$$

つまり

$$\text{“}\lambda_1 \times \lambda_2 \times \lambda_3 \times \cdots\text{”} = \exp(-Z'(0))$$

となることから、納得できるでしょう。たとえば {1, 2, 3,…} という自然数の集合のときは

$$Z(s) = 1^{-s} + 2^{-s} + 3^{-s} + \cdots = \zeta(s)$$

で

$$Z'(0) = -\frac{1}{2}\log(2\pi) \quad (\text{オイラーとリーマンの計算})$$

$$Z(-1) = -\frac{1}{12} \quad (\text{オイラーの計算})$$

から

$$\text{“}1 \times 2 \times 3 \times \cdots\text{”} = \sqrt{2\pi}$$
$$\text{“}1 + 2 + 3 + \cdots\text{”} = -\frac{1}{12}$$

となります。

これまで、自然数全体の積が $\sqrt{2\pi}$ と考えられることを説明してきましたが、素数全体の積はどうなると思いますか？

　結論を言いますと $(2\pi)^2 = 4\pi^2$ と考えておくと良いでしょう。つまり、

$$[\text{素数全体の積}] = 2 \times 3 \times 5 \times 7 \times 11 \times \cdots$$
$$= (2\pi)^2$$

です。これを説明しましょう。ただし、話はちょっとこみ入っています。まず、

$$P(s) = \sum_{p:\text{素数}} p^{-s} = 2^{-s} + 3^{-s} + 5^{-s} + 7^{-s} + 11^{-s} + \cdots$$

とおいたときに、正規化積を見ると

$$[\text{素数全体の積}] = \exp(-P'(0))$$

と考えることができます。ところが、困ったことに、$P(s)$ は $s = 0$ まで通常の意味では解析接続することが不可能なことが百年前に証明されています（ランダウとワルフィッツの定理、1919年）。

そこで、少々無理を承知でやることになります。ただし、Re$(s)>0$では表示

$$P(s) = \sum_{n=1}^{\infty} \frac{\mu(n)}{n} \log \zeta(ns)$$

によって解析接続できることは証明できますので使うことにしましょう。ここで、$\mu(n)$はメビウス関数です。すると、

$$P'(s) = \sum_{n=1}^{\infty} \mu(n) \frac{\zeta'(ns)}{\zeta(ns)}$$

ですので、形式的には

$$P'(0) = \sum_{n=1}^{\infty} \mu(n) \frac{\zeta'(0)}{\zeta(0)} = \left(\sum_{n=1}^{\infty} \mu(n)\right) \frac{\zeta'(0)}{\zeta(0)}$$

と考えることができます。ここで、前に計算した

$$\begin{cases} \zeta(0) = -\dfrac{1}{2}, \\[2mm] \zeta'(0) = -\dfrac{1}{2}\log(2\pi) \end{cases}$$

に加えて、ちょっと無理した

$$\sum_{n=1}^{\infty} \mu(n) = \left(\sum_{n=1}^{\infty} \mu(n) n^{-s} \right) \Bigg|_{s=0} = \frac{1}{\zeta(s)} \Bigg|_{s=0} = \frac{1}{\zeta(0)} = -2$$

を代入すると

$$P'(0) = -2\log(2\pi)$$

となることから

$$[素数全体の積] = (2\pi)^2 = 4\pi^2$$

を何とか導くことができました。

第 **6** 章

深リーマン予想

 **深リーマン予想って何？**

　深リーマン予想とは、リーマン予想を一段と深くしたものです。基本となるのは「ゼータ関数の零点」ではなくて、オイラー積そのものです。たとえば、オイラーのL関数

$$L(s) = \prod_{p\,:\,奇素数} \left(1 - (-1)^{\frac{p-1}{2}} p^{-s}\right)^{-1}$$

は、複素数sの実部$\mathrm{Re}(s)$が1より大きいときには、そのままで意味を持ちます（無限積が「絶対収束」という範囲になっています）。複素数sの実部$\mathrm{Re}(s)$が1以下のときが問題です。通常は、これをいったん

$$L(s) = \sum_{n\,:\,奇数} (-1)^{\frac{n-1}{2}} n^{-s}$$

と展開してから、積分表示を通して実部が1以下への解析接続を行います。その結果、

　「$L(s)$のリーマン予想：$\mathrm{Re}(s) > 1/2$において$L(s) \neq 0$」

はとてつもなく難しいものになってしまって、現在まで未解

決となっています（リーマンゼータ関数$\zeta(s)$でも全く同様です）。

ディリクレの素数定理（mod4）は

$$「\mathrm{Re}(s) \geqq 1 \text{において} L(s) \neq 0, \infty」$$

という性質から得られます。この性質の証明には、結局オイラー積を利用するしかありません。

ティッチマーシュはゼータ関数論のバイブルと言われる本『リーマンゼータ関数』（初版1951年）において「リーマン予想はオイラー積の影響圏を限界（$\mathrm{Re}(s) = 1$）を超えてできる限り広げることである」という名言を記しています（同書第3章）。この言葉は、理想を追求するゼータ関数論の人々に到達目標とはなっていたのですが、夢の領域でした。

ところが、ごく最近、この「オイラー積を直接考察すること」が、種々のゼータ関数に対して行われるようになってきました。そして

$$『\mathrm{Re}(s) \geqq 1/2 \text{ではオイラー積をそのまま考察すればよい}』$$

という簡単な風景が見えてきました。

この観点からすると、$L(s)$ のリーマン予想は

$$☆ 『\prod_{p:\text{奇素数}} \left(1 - \frac{(-1)^{\frac{p-1}{2}}}{p^{\frac{1}{2}}}\right)^{-1} が \sqrt{2}\, L\left(\tfrac{1}{2}\right) に収束する』$$

という簡明な性質から導くことができます。無限個の零点を考えるかわりに、ただ一つの積の収束性を考えればよいのです。実際には、☆はリーマン予想より本当に深い性質となっていることもわかっています。また、$L(s)$ のリーマン予想自体は、

$$『\prod_{p:\text{奇素数}} \left(1 - \frac{(-1)^{\frac{p-1}{2}}}{p^{\alpha}}\right)^{-1} が \frac{1}{2} < \alpha < 1 に対して$$

$$L(\alpha) に収束する』$$

という性質の類似物です。ここで、$\alpha = 1$ に対応する性質

$$『\prod_{p:\text{奇素数}} \left(1 - \frac{(-1)^{\frac{p-1}{2}}}{p}\right)^{-1} は L(1) = \frac{\pi}{4} に収束する』$$

は1874年にメルテンスが証明しています。これは、ほぼ、ディリクレの素数定理と同程度の深さの結果です。次のよう

に並べてみるとわかりやすいでしょう。

レベル1：$\alpha > 1$での収束	
レベル2：$\alpha = 1$での収束	
レベル3：$1 > \alpha > \dfrac{1}{2}$での収束	…リーマン予想
レベル4：$\alpha = \dfrac{1}{2}$での収束	…深リーマン予想

 深い

なお、メルテンスの証明した事実は、1737年のオイラーの論文に書かれていました。

 ## 深リーマン予想と素朴な積の収束

深リーマン予想は、素朴な積

$$\prod_{p：素数} \frac{|X(\mathbb{F}_p)|}{p}$$

の収束とも結びついています。ここで、Xは“代数曲線”、つまり、ある多項式 $f(x, y)$（整数係数とします）によって

$$X = \{(x, y) \mid f(x, y) = 0\}$$

と決まる図形です。また

$$|X(\mathbb{F}_p)| = \left| \left\{ (x, y) \,\middle|\, \begin{array}{l} x, y \in \mathbb{F}_p \\ f(x, y) \equiv 0 \bmod p \end{array} \right\} \right|$$

は、$\bmod p$ で見た解（点）の個数です。

　たとえば、X が楕円曲線のときは、この形の積はバーチとスインナートンダイヤーが1960年代前半に考え、作られはじめたばかりの電子計算機によって実例をたくさん計算しました。その結果、有名なバーチ・スインナートンダイヤー予想（リーマン予想と同じく『数学の七大問題』の1つ：7大問題にはそれぞれ100万ドルの賞金がかかっています）を立てました。その頃は、上の積はあくまで予想の見当を付けるための計算だったため、リーマン予想との関連など誰も考えませんでした。今でも、そう思っている人が大多数です。実は、楕円曲線のときに

　『上記の積が収束すれば、楕円曲線のゼータ関数はリーマン予想をみたす』

のです。

以上は、次元が1という場合ですが、次元$\dim(X)$が一般の"代数多様体" Xのときには

$$\prod_{p:\text{素数}} \frac{|X(\mathbb{F}_p)|}{p^{\dim(X)}}$$

を考えます。状況は、より一層多様でおもしろくなってきます。ここでも、リーマン予想より深い深リーマン予想がでてきます。このように、素朴な積

$$\prod_{p:\text{素数}} \frac{|X(\mathbb{F}_p)|}{p^{\dim(X)}}$$

はとても深い意味と内容を持っています。ひとことでまとめると、オイラー積は「収束する」ということだけで軽くリーマン予想を導いたりもするのです。

 ## 素朴な積の例

　簡単なXとしては

$$X = \{(x, y) \mid x^2 + y^2 = 1\}$$

があります。これは、ふつうの座標では円を表しています。
このとき

$$
|X(\mathbb{F}_p)| = \begin{cases} p - 1 & \cdots p \equiv 1 \bmod 4 \\ p + 1 & \cdots p \equiv 3 \bmod 4 \\ p & \cdots p = 2 \end{cases}
$$

となることがわかります。たとえば

$$X(\mathbb{F}_3) = \{(1, 0), (0, 1), (2, 0), (0, 2)\},$$
$$X(\mathbb{F}_5) = \{(1, 0), (0, 1), (4, 0), (0, 4)\}$$

はともに4点あり、

$$X(\mathbb{F}_7) = \{(1, 0), (0, 1), (6, 0), (0, 6), (2, 2), (5, 5), (2, 5), (5, 2)\}$$

は8点あります。図に描くには $X(\mathbb{F}_3)$ と $X(\mathbb{F}_5)$ はともに

$$\{(1, 0), (0,1), (-1, 0), (0, -1)\}$$

とも書けるので、右図のような4
点になり、$X(\mathbb{F}_7)$ は

$\{(1, 0),\, (0,1),\, (-1, 0),\, (0, -1),\, (2, 2),\, (-2, -2),\, (2, -2),$
$(-2, 2)\}$

とも書けるので、下図のような8点にするのが美しいでしょう。

図11

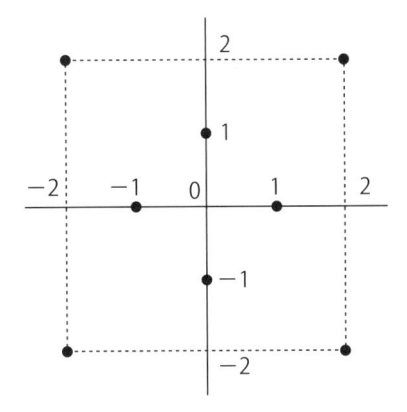

このように計算すると

$$\prod_{p:\text{素数}} \frac{|\,X(\mathbb{F}_p)\,|}{p} = \prod_{p:\text{奇素数}} \frac{p - (-1)^{\frac{p-1}{2}}}{p}$$

$$= \prod_{p:\text{奇素数}} \left(1 - \frac{(-1)^{\frac{p-1}{2}}}{p}\right)$$

$$= \frac{4}{\pi}$$

ということになります。これは、ゼータ関数でいうと、「$s = 1$」という境界上の場所の話です。その計算は、前にも触れ

ましたが、オイラー（1737年）やメルテンス（1874年）に
さかのぼります。

　深リーマン予想の研究は、現在進行中です。「合同ゼータ
関数」（Ⓑ）はリーマン予想が知られている場合として有名
ですが、実は、深リーマン予想も成立することがわかってい
ます。深リーマン予想の研究の進展が楽しみです。

 リーマン予想に挑戦しよう

　第3章で扱ったオイラーのゼータ関数

$$L(s) = \frac{1}{(1+3^{-s})(1-5^{-s})(1+7^{-s})(1+11^{-s})(1-13^{-s})(1-17^{-s})\cdots}$$

$$= \prod_{p:\text{奇素数}} (1 - (-1)^{\frac{p-1}{2}} p^{-s})^{-1}$$

に対するリーマン予想にチャレンジする目標は次の4つの問
題です。sが$3 \to 1 \to \dfrac{3}{4} \to \dfrac{1}{2}$と小さくなるほどむずかしくな
ります。

$$\prod_{p\,:\,奇素数} (1-(-1)^{\frac{p-1}{2}} p^{-3})^{-1} \text{ は収束する}$$

$$[\text{値は } L(3) = \frac{\pi^3}{32}]$$

$$\prod_{p\,:\,奇素数} (1-(-1)^{\frac{p-1}{2}} p^{-1})^{-1} \text{ は収束する}$$

$$[\text{値は } L(1) = \frac{\pi}{4}]$$

$$\prod_{p\,:\,奇素数} (1-(-1)^{\frac{p-1}{2}} p^{-\frac{3}{4}})^{-1} \text{ は収束する}$$

$$[\text{値は } L(\tfrac{3}{4})]$$

$$\prod_{p\,:\,奇素数} (1-(-1)^{\frac{p-1}{2}} p^{-\frac{1}{2}})^{-1} \text{ は収束する}$$

$$[\text{値は } \sqrt{2}\, L(\tfrac{1}{2})]$$

　ゼータ学校の試験としては問題1～4はそれぞれ1年生、2年生、3年生、4年生のレベルでしょう。だんだんと難しくなっていきます。地球では問題1がオイラーさん（1737年）、問題2がメルテンスさん（1874年）によって解かれたところです。問題3はリーマン予想のレベル、問題4は深

リーマン予想のレベルで、どちらも未解決です。現在の地球の数学レベルでは、問題1は大学生レベル、問題2は大学院・研究者レベルです。問題3と問題4には手が届いていません。

深リーマン予想の目標

$$(1+3^{-\frac{1}{2}})(1-5^{-\frac{1}{2}})(1+7^{-\frac{1}{2}})(1+11^{-\frac{1}{2}})\cdots : 収束$$

$$\Downarrow$$

$$リーマン予想$$

ここでは $\zeta(s)$ の深リーマン予想については触れませんでした。それは技術的に難しいからですが、赤塚広隆さんによって詳しい研究がされていて、論文

H.Akatsuka "The Euler product for the Riemann zeta-function in the critical strip"［臨界帯におけるリーマンゼータ関数のオイラー積］ Kodai Math.J.40（2017）79 – 101

にまとめられています。ここで、臨界帯というのは $0 < \mathrm{Re}(s) < 1$ という帯状のところ（p.61，図8参照）を指しています。なお、Kodai Math. J.とは『東工大数学雑誌』のことで、赤塚さんは東工大の黒川研究室で研究して博士号を取られた人です。

第7章

リーマン予想の解読へ

# リーマン予想の特徴

　リーマン予想（本来の④の場合）は数学難問の第1位に数えられますが、それだけではなくたくさんの特徴があります。代表的なものは、次の2つです。

> （Ⅰ）リーマン予想を解く努力が数学の新分野を開拓してきたこと。
> （Ⅱ）リーマン予想を仮定するといろいろな問題が解けること。

　（Ⅰ）の例を4つ挙げましょう：

（Ⅰ-1）合同ゼータ関数（⑧）のリーマン予想の研究に向けて、スキーム論が開拓されたこと。

（Ⅰ-2）セルバーグゼータ関数（©）のリーマン予想の研究によって、離散群論・表現論など代数学・幾何学・解析学にわたって研究が深化したこと。

（Ⅰ-3）零点の固有値解釈をめぐってランダム行列論が発展したこと。

（Ⅰ-4）絶対数学が発生したこと。

（Ⅱ）の例も4つ挙げてみましょう：

（Ⅱ−1）アルチンの原始根予想は一般化されたリーマン予想から導くことができること。標数正の場合Ⓑには、一般化されたリーマン予想も成立するため、アルチンの原始根予想の成立もわかること。

（Ⅱ−2）類数1の代数体の整数環は4つの例外を除いてユークリッド整域であることが一般化されたリーマン予想から導けること。

（Ⅱ−3）速い（多項式時間）素数判定法が開発されること。

（Ⅱ−4）類数1の虚2次体が9個のみであることが判明すること。

この4つの例は、いずれも「一般化されたリーマン予想を仮定すると、（一般化された）素数定理の誤差項が小さくなる」ということから出るのです。今までのところ、（Ⅱ−1）（Ⅱ−2）では、一般化されたリーマン予想を（Ⓐの場合には）確かめることができていませんので、仮定付きの結果です。また、（Ⅱ−3）（Ⅱ−4）では、後になって、一般化されたリーマン予想を仮定しない道も見つけられています。

次の形で、リーマン予想を"場合分け"に用いることもなされました：

> (a) リーマン予想が成立すると仮定すると……がわかる。
> (b) リーマン予想が不成立と仮定すると……がわかる。
> したがって、どちらにしても……がわかる。

これは、リーマン予想の究極的な利用法ともいえるでしょう。結局はリーマン予想の成立・不成立は関係なくなるのですが、なぜ使えるのかといいますと、

(a) のときは、リーマン予想が成立するので、「素数状態がとても整然となり」……がわかり、

(b) のときは、リーマン予想が不成立なので「素数状態がとても不整然となり」……がわかる。

というように状態が両極端の2極に分離できるのです。

このようなことは、数学のほかの予想では聞いたことがありません。リーマン予想を「公理」として組み入れたらどうか、という提案さえなされる特殊性がここにあります。

リーマン予想の過去

　本書では、リーマン予想の歴史を、素数研究に沿ってギリシャ時代の昔からたどってきました。簡単におさらいしておきましょう。ギリシャ時代のピタゴラス学派においては、数と物とは同一視がされていたようですので、数を分解して行って「素数」にたどり着く「素数論」と物を分解して行って「原子」にたどり着く「原子論」とは関連しながら発展したのでしょう。

　ギリシャ時代の古文書として有名なものに、紀元前300年頃に書かれたユークリッドの『原論』（『幾何学原論』とも呼ばれる）があります。これはピタゴラス学派の数論教科書などから抽出・編纂した教科書といわれています。その一部を見てみましょう。

> 『原論』第9巻、命題20
> 命題　限りない数の素数が存在する。

　証明　A, B, Cを異なる任意の素数として、それ以外の素数Dが存在することを示そう。A・B・C+1を見よ。これを

割り切る素数が存在する。その1つDを取る。すると、Dは A, B, Cとは異なる。なぜなら、DはA・B・C＋1を割り切るが、A, B, CはA・B・C＋1を割り切らないから。

（証明終わり）

見事な論理です。これが第1章で紹介したユークリッド素数列の原典です。2300年以上昔に書かれたものとは信じられません。

そのあとは、2000年という期間を飛び越えて、18世紀のオイラーに到着し、ゼータが生れました。それを、確実な基礎に乗せたのが19世紀のリーマンでした。オイラーは

$$\text{自然数}\rightarrow《\text{分解}》\rightarrow\text{素数}\rightarrow《\text{統合}》\rightarrow\text{ゼータ }\zeta(s)$$

を発見し、それをリーマンが発展させたわけです。

そして、素数を解明するために、20世紀はリーマン予想の研究とゼータの一般化の研究が大規模に行われました。とくに、1914年のヒルベルトとポリヤの提言以来「ゼータ零点・極の固有値解釈」（これは、ゼータ関数を行列式表示することと同等）を行うことがリーマン予想の解決へ向けての大きな目標となりました。

リーマン予想が解決済の第一の場合である「合同ゼータ関

数」の場合は、この方針で完成しています。「合同素数」（標数が正の世界の素数）の研究は19世紀よりなされてきましたが、その場合のゼータ関数の研究は1919年出版のコルンブルムの論文（遺稿）が最初でした。1920年代にはアルティンとシュミットにより研究が進み、1933年にハッセが有限体上の楕円曲線の場合にリーマン予想の証明を与えました。一般の代数曲線の場合のリーマン予想の証明はヴェイユが1948年に完成し、さらに一般の代数多様体の合同ゼータ関数の研究が20世紀の後半の大きなテーマとなりました。オイラー積は「0次元部分多様体（閉点）」という「合同素数」を"素数"と見た積です。その背景には、素数概念を拡張して素元や素イデアルを考察するという19世紀からの研究の蓄積があったわけです。特に、合同ゼータ関数の研究の鍵となったのは1965年に完成されたグロタンディークによる行列式表示（作用素は対数フロベニウス作用素）です。グロタンディークは、そのために代数幾何学の膨大な書き換えを行いました（空間概念のスキーム論による革新）。その上で、リーマン予想の類似物は1974年にドリーニュにより証明されました。

　20世紀に得られた、リーマン予想の類似が解決済みの第二の場合が「セルバーグゼータ関数」の場合です。この場合もヒルベルトとポリヤの方針で証明が完成しています。セルバーグゼータ関数はセルバーグの1952年前後の研究で発見

されました。セルバーグは、ポアソン和公式を非可換群に拡張した「セルバーグ跡公式」を樹立し、

リーマンゼータ関数：明示公式
　　＝セルバーグゼータ関数：セルバーグ跡公式

という対応関係を手がかりにセルバーグゼータ関数を発見したのです。オイラー積は「1次元部分多様体（閉測地線）」という「幾何素数」を“素数”と見た積です。セルバーグはラプラス作用素（の平方根）による行列式表示を与え、リーマン予想の類似物を証明したのです。固有関数はマースの波動保型形式です。セルバーグの研究は20世紀の後半に表現論が大発展した基盤を与えています。ちなみに、セルバーグの考えた“素数”は弦（ひも）ですので、素粒子の弦理論との類似を見ることもできます。このように、セルバーグゼータ関数は、いろいろな解釈へと拡がりをもっています。

 ## リーマン予想の現在

　リーマン予想解決に向けて基礎体となるものは何であるかは長年の課題でした。本書では、整数と多項式の類似として

話を進めてきましたが、整数自身も「多項式」と見たい、という願望です。それに答えるのが、「1元体F_1」です。絶対数学は、すべてのものを1元体上で考える数学です。リーマン予想解明を目指して創出された絶対数学（1元体上の数学）に関しては、膨大な研究が蓄積され始めています。1995年に出版されたマニンさんの講義録

Manin, Yuri "Lectures on zeta functions and motives (according to Deninger and Kurokawa)". ［ゼータ関数とモチーフの講義：デニンガーと黒川にちなんで］Columbia University Number Theory Seminar（New York, 1992), Asterisque No. 228（1995）121-163

は、近年『絶対数学』のバイブルとされていますが、もともとは、1990年頃のリーマン予想に関するデニンガーさんと筆者の別々の研究の紹介でした。とくに、絶対数学にとっては、その動機となっている黒川テンソル積（絶対テンソル積）が重要となります。絶対ゼータ関数を黒川テンソル積を用いて構成することが最近コンヌさんを中心に行われています。なお、「黒川テンソル積」とはマニンさんが講義録で名付けたものです。

　ゼータ関数に関する重大な未解決問題には、すでに何度も

触れたところの (1) リーマン予想に加えて、(2) ラングランズ予想（非可換類体論予想）があります。

　(1) はゼータ関数の零点や極の場所（実部）に関する問題であり、(2) はゼータ関数の解析接続と関数等式に関する問題です。この2つの問題は通常は独立の問題と考えられていますが、一緒に考えるべき問題と思われます。

　前者は数学の最大難問です。後者はゼータ関数の統一を目指す予想です。これは、素数に関する深い理論として有名な『類体論』（高木貞治、1920年）を究極まで拡張しようとする理論ですが、解決へは膨大な困難をかかえています。一言で述べますと、「ガロア表現のゼータ関数」と「保型表現のゼータ関数」の対応を樹立しようとするものです。フェルマー予想の解決（ワイルズ、1995年）も佐藤・テイト予想の解決（テイラー達、2011年）も非可換類体論予想のある部分の証明に該当しています。ラングランズ予想とは、それほど強力なものなのです。

　注目したいことは、この2つの問題 (1)(2) のある類似物（有限体上の場合）はともにゼータ関数の行列式表示を行うことによって解明された問題であることです。本来のリーマン予想の場合にも、そのために必要な作用素（無限次行列）の研究に力が注がれていて、近いうちに種々の成果が期待されます。オイラー作用素の行列式から得られる多重三角関数

論—数論の重要な未解決問題である「クロネッカー青春の夢(類体の構成問題)」の一般的解決に必要な関数で「零和構造」(p.131)をもっている—も発展しておりここでも、より一層広く多重ゼータや「1元体」F_1上の数学『絶対数学』との関係が考察されていて、素数とゼータ関数の解明への研究が進んでいます。

 リーマン予想の未来

　これからの21世紀はリーマン予想の研究に限らず、絶対数学の世紀だと思います。絶対数学の基本的な目的は、全数学を1元体上で構築することです。その素朴な動機は、ものごとをより根源から見ようとするところからきています。

　絶対数学の意図は、たとえば、次のような状況を考えるとわかりやすいかと思います。いま、数学を離れて、植物の研究をしていると想像してみましょう。もっと極端に言いますと、地球に訪問者が来たとし、巨大木を見たとしましょう。すると、そのような大木が「生きて」いることがわかったとしても、どうしてそんなに大きなものが立っていられるのか、ましてや何故「生きて」いられるのか、と考えてもなかなか本当のところはわからないでしょう。それは、地下に隠

れて見えない「根」があるからです。

　今までの数学も、同じような状況だったと考えられます。「根」にあたる「1元体」を見のがしてきた（存在に気づかないできた）のです。ゼータの話では、どうしても理解の及ばない根本的難しさを感ずることが多いのですが、それこそ「根」を忘れてしまったからです。リーマン予想とは巨大木の根の問題なのです。

　もちろん、私たち地球に生きているものにとっては、木が地中深く張っている根のおかげで立って生きていられることは常識です。根がなくなったらたちまち枯れて転倒するに違いありません。ひるがえって、ゼータをゼータ惑星の大木と考えてみると、これまで根のことに思い至らなかったとしても不思議はありません。

　数学の研究で言いますと、地上の風景を見ていたのがこれまでの数学でした。地下の豊富な構造には、ごく最近になって気付きはじめたのです。その根に1元体はあります。考えて見ますと、もともと、リーマン予想のように「零点・根」の本質を問う問題に「根」（1元体）の研究が必須なのは当然のことでしょう。

　このように見てきますと、根が見えているガジュマルやタコノキなどは絶対数学を研究する上で貴重な参考資料になることに思いあたります。日本では、ファーブルと言いますと

『ファーブル昆虫記』で圧倒的に有名ですが、ファーブルには1867年出版の名著『ファーブル植物記』（日本語訳：平凡社）があります。植物や根を知りたい人には、是非推奨したい本です。（もう一つの、ファーブル『植物のはなし』岩波書店、も楽しい本です。）『ファーブル植物記』の第15章「根」の冒頭部分は特に印象的ですので引用しておきましょう：

「植物は性格が正反対の二つの部分に分かれる。光を求めてやまない茎と、闇がほしい根とである。茎は太陽の光をあびるために、自力で立ちあがれないときには、巻きひげ、かすがい、かぎ、登攀根といった、登るためのあらゆる道具の助けをかりる。しゃにむにとなりの茎に身を寄せかけて、らせんにからんでいく。必要とあれば、相手を腕のなかでしめあげてしまう。根のほうは暗闇でしか生きない。どうしても地中の闇が必要だ。そこに達するためには何ものにもたじろがない。腐植土がなければ、粘土にでも凝灰岩のなかにでももぐりこむ。深い傷を負う危険をおかして石のあいだに忍び入り、岩のさけ目にすべりこむ。第一に必要なことは太陽を見ないことだ。極度に対照的な性格はみなそうだが、根と茎の反対の性向もごく幼いときからはっきり現れる。」

　また、第18章「取木と挿木」から根の変種である不定根・

気根についてのとてもおもしろい話がありますので、ここも紹介しておきましょう：

「英領インドには特殊なイチジクの木がある。つぎつぎにふえつづける代々の世代は茎にとって耐えがたく重くなるが、それを支え、かつそれを土と連絡させるのにたいへんうまい方法をとっている。共同体の員数がふえるにつれて、このイチジクの木は枝の上のほうから、木質の支柱を下ろすのだ。これははじめのうち、縄のように空中でぶらんぶらんしているが、やがて土にとどいて根を下ろし、その数だけ小さな柱が共同の建造物を支えるかっこうになる。枝は年々ひろがってゆき、またそれを支えるために必要な支柱が下っていっては地中にもぐりこみ、イチジクの木はついにはこんもり茂った林のようになる。何千という支柱に支えられた、ただ一本の木の枝分かれによってできた林である。枝々の高みから垂直に下がるこれらの支柱は、やはり不定根なのだ。ただ、それはじょうぶで、巨大なことが多く、時がたつにつれて、ほんとうの茎のような外見を呈するようになる。こうした寄り合い世帯では、生の営みも容易になり、命はいつまでもつづくにちがいない。英領インドのネルブダ川の川べりにあるイチジクの木は有名だ。不定根でできた三千三百五十本の支柱がその木の巨大な枝ぶりを支えており、たった一本でさなが

らほんものの林といったおもむきである。さまざまな太さの三千三百五十本の木、三百五十本の大きな茎と三千本のそれより小さい茎が枝によって結ばれひとつづきの骨格をつくりあげているさまを想像してみよう。それが巨木イチジクの姿である。この木は枝の下に七千人の軍隊をやどらせることができるし、支柱を集めたらそれをくくるのに六百メートルの綱がいるだろう。いい伝えによると、アレクサンダー大王は、兵士の不平の声に負けて、インダス川のほとりで、大遠征に終止符をうったとき、このイチジクの木を見たはずだという。では、アレクサンダー大王の軍団とバウラバ王ポロスの象軍団とが争うのを見たこの植物界の大長老は、その当時、いったい何歳だったろうか。」

リーマン予想からの夢

　第1回リーマン予想研究集会がシアトルで開催されたのは、20年以上前の1996年の夏のことでありました。筆者は、絶対数学の話をしました。つまり、1元休上の数学でリーマン予想を解くことを話したのですが、そのとき参加していたコンヌさんの意見は「1元体は小さすぎる」というものでした。コンヌさんは、その後の10年間は非可換幾何学からの研

究を推進していましたが、現在では 1 元体に帰依しています。とくに、 1 元体上の幾何学と言える「絶対スキーム理論」の構築を目指して邁進しています。

　通常の「スキーム理論」は、グロタンディークが有限体上のリーマン予想を解決するために 20 世紀後半に樹立したものです。整数環 $\mathbb{Z}$ 上の代数（可換環）から作った素イデアル（極大イデアル）全体の空間が基本です。絶対数学では、整数環 $\mathbb{Z}$ から出発するのではなく、さらに根源的な 1 元体 $\mathbb{F}_1$ から出発するのです。

　20 世紀に大発展した「環（ring）」上の数学では「足し算（和）と掛け算（積）」という 2 つの演算（普通、足し算の逆演算である「引き算（差）」と掛け算の逆演算である「割り算（商）」も数えて「四則演算」という）があり、誰も慣れ親しんできました。これに対して、絶対数学では、「足し算という演算を忘れて掛け算だけにする」ということになります。つまり「環」のかわりに「モノイド」にするということになるわけです。「モノイド」とは掛け算という 1 つの演算だけ入っているものです。数学用語の「群（group）」はモノイドの一種です。もちろん、「環」は掛け算だけで考えて、すべてモノイドになります。環からこない例としては、たとえば自然数全体は掛け算に関してモノイドです。なお、モノイドというカタカナ語のかわりに単圏という日本語を提案したい

と思います。単圏とは一元対象からなる圏の意味です。環（演算2つ）の世紀だった20世紀が過ぎ去って、21世紀は単圏（演算1つ）の世紀となると思います。最近の望月新一さんのabc予想の研究論文からも、強くそう感じます。

絶対数学の基本は1だけの体F_1の演算を示す$1 \times 1 = 1$という式なのです。代数幾何学を革新したスキーム理論を創始したグロタンディークは、スキーム理論を理解するには過去の代数幾何学の知識は不要である（あるいは邪魔である）と宣言しましたが、絶対数学も、やがてそうなって、過去の数学の知識は不要である（あるいは邪魔である）、と宣言する日がくるのかもしれません。数学はどんどん簡単でわかりやすくなって行くことでしょう。

絶対数学の研究は世界的規模で急激に進んでいるのですが、日本の若い人たちの参加がまだ少ないのは残念なことです。危険を冒しても新天地に乗り出す意気込みがほしいものです。先に引用したファーブルの言葉をもじりますと、「光を求めてやまない通常数学［茎］と、闇がほしい絶対数学［根］」の対比になり、「絶対数学［根］のほうは暗闇でしか生きない。どうしても地中の闇が必要だ。そこに達するためには何ものにもたじろがない。深い傷を負う危険を冒して石のあいだに忍び入り、岩のさけ目にすべりこむ。第一に必要なことは太陽を見ないことだ。」という心構えになるのでしょう。

このように、リーマン予想の研究からスタートした旅は、絶対数学へと展開して行きます。それは、人類の新たな挑戦と言えると思います。

　さらに、リーマン予想に対する挑戦を見てくると、「人類の限界」を感じることも多くあります。つまり、リーマン予想には到達できないのでは、という悲観論です。リーマン予想が提出された19世紀には、リーマン予想の証明はリーマン自身も含めて楽観的に見られていたようですが、20世紀の100年にわたるさまざまな挑戦の結果、そうでない見方をする専門家も少なくないのが現状です。（もっと進んで、リーマン予想の成立そのものに悲観的になる人もいます。）とくに、真剣にリーマン予想を解決しようと挑戦した研究者たちに悲観的になる人が多いようです。

　一方、リーマン予想研究には、今回紹介した「深リーマン予想」という新しい素朴な視点も見つかり、「絶対数学」と「種のゼータ関数となる絶対ゼータ関数」という根源からの観点と結合して、明るい未来への光となるものが現れてきています。21世紀に期待しましょう。

零和構造への飛躍

21世紀のリーマン予想の研究において極めて重要となっている構造に「零和構造（レイワ・コウゾウ）」があります。

これは、1990年頃に黒川が提案した「黒川テンソル積」（p.121参照）の考え方から来ています。ゼータ関数$Z(s, X)$、$Z(s, Y)$、$Z(s, X \times Y)$が零和構造を持つということを

$$\llbracket Z(\alpha, X) = 0, Z(\beta, Y) = 0 \Rightarrow$$
$$Z(\alpha + \beta, X \times Y) = 0 \rrbracket$$

をみたすときと決めます。X、Yは数論的対象（スキームなど）です。零点α、βに対して零点の和$\alpha + \beta$も零点になっている、というものです。零点の和構造——つまり零和構造——は、ゼータ関数に関して発見されている唯一の明示構造です。実は、ドリーニュが合同ゼータ関数のリーマン予想を証明したときには、明示的にではありませんが、この構造を用いていたことがわかります。令和時代を迎えて、この零和構造が真価を発揮することでしょう。

参考文献：

黒川 信重『零点問題集—ゼータ入門』現代数学社，2019年7月

ゼータはダイコン!?

　先のコラムではゼータ関数と地球生物の対応について紹介しました。今回はオイラー積やリーマン予想も含めてゼータを見立ててみます。みなさん御存知のように、ダイコンは、葉、茎、根からなります。そこで、

葉……………素数

葉と茎の境……Re(s) ＝ 1

茎と土の境……Re(s) ＝ $\dfrac{1}{2}$

根／ひげ根…リーマン予想／1列に並んでいる実根

と考えてみるのです。図にすると下のようになります。

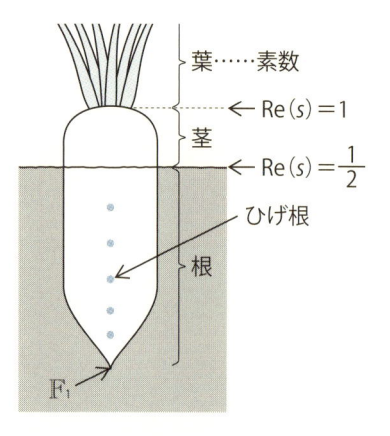

いかがでしょうか。こんなふうにリーマン予想を「零点＝根」からイメージしてみると、意外な発見があるかもしれません。

第 **8** 章

絶対数学の進展

絶対数学というのは、第2章で説明しましたが、一元体$\mathbb{F}_1$上の数学のことです。ふつうの整数全体

$$\mathbb{Z} = \{0, \ \pm 1, \ \pm 2, \ \pm 3, \ \cdots\}$$

を

$$\mathbb{Z} = \mathbb{F}_1 \ [2, \ 3, \ 5, \ 7, \ \cdots]$$

ととらえるという考えです。そうしますと、ロゼッタストーンのたとえ通り、Ⓐの$\mathbb{Z}$が、Ⓑの有限体$\mathbb{F}_p$係数の多項式全体$\mathbb{F}_p \ [T]$ やⒸの複素数体$\mathbb{C}$係数の多項式全体$\mathbb{C} \ [T]$ のように良くわかって、リーマン予想も解けるに違いない、というのが絶対数学の期待です。

数学の中でゼータ関数が重要なことは言うまでもありません。絶対数学の中でも絶対ゼータ関数は重要なものです。さらに、「良いゼータ関数は保型形式からくる」というのがラングランズ予想（1970年）ですので、保型形式も重要です。ラマヌジャンが考えた保型形式

$$\Delta = q \prod_{n=1}^{\infty} (1 - q^n)^{24} = \sum_{n=1}^{\infty} \tau (n) q^n$$

とΔのゼータ関数

$$L(s, \Delta) = \sum_{n=1}^{\infty} \tau (n) n^{-s}$$

は第4章で紹介しました。それは、2次のオイラー積

$$L(s, \Delta) = \prod_{p : 素数} (1 - \tau(p)p^{-s} + p^{11-2s})^{-1}$$

をもちます。さらに、すべての複素数sに対して$L(s, \Delta)$に意味を与えることができます。これを解析接続と言います。しかも、関数等式$s \leftrightarrow 12 - s$という美しい対称性をもっていることも証明されています。

その証明には積分が必要ですが、あとで絶対ゼータ関数を説明するときに便利ですので、ざっと書いてみましょう。

まず、保型性の説明からはじめます。「保型」とは型を保つということですので、ある変形に対して(ほとんど)変わらない、という意味です。さきほど

$$\Delta = \sum_{n=1}^{\infty} \tau(n)q^n$$

と書いたときのqは絶対値$|q|$が$|q| < 1$となるものです。これは、複素数$z = x + iy$(x, yは実数)で$y > 0$となるものによって

$$q = \exp(2\pi iz) = e^{2\pi iz}$$

となっています。このとき、「zは上半平面に入っている」といいます。

図12

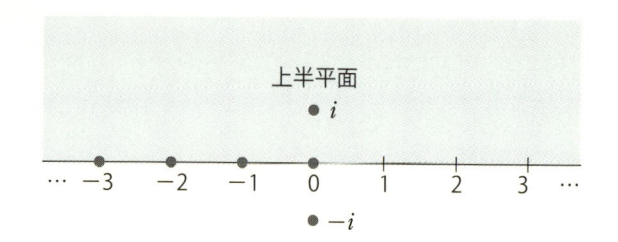

さて、$\Delta = \Delta\ (z)$ は重さ12の保型性をもつのですが、それは等式

$$\Delta\left(-\frac{1}{z}\right) = z^{12}\,\Delta\ (z)$$

が成立するという意味です。zの肩に乗っている12が「重さ」です。

そうしますと、$L(s, \Delta)$ は

$$L(s, \Delta) = \frac{1}{(2\pi)^{-s}\,\Gamma\ (s)} \int_0^\infty \Delta\ (iy)y^s\,\frac{dy}{y}$$

という積分になります。$\Gamma\ (s)$ はガンマ関数です。そこで、保型性の等式において$z = iy$とした式

$$\Delta\left(i\frac{1}{y}\right) = y^{12}\,\Delta\,(iy)$$

を使うことによって

$$L\,(s,\,\Delta\,) = \frac{1}{(2\pi)^{-s}\,\Gamma\,(s)}\int_1^\infty \Delta\,(iy)\,(y^s + y^{12-s})\,\frac{dy}{y}$$

となります。したがって、

$$\hat{L}\,(s,\,\Delta\,) = L(s,\,\Delta\,)\,(2\pi)^{-s}\,\Gamma\,(s)$$
$$= \int_1^\infty \Delta\,(iy)\,(y^s + y^{12-s})\,\frac{dy}{y}$$

は s を $12-s$ におきかえても変化しません。これが関数等式 $s \leftrightarrow 12-s$ です。なお、$(2\pi)^{-s}\,\Gamma\,(s)$ はガンマ因子と呼ばれていて、

$$\hat{L}\,(s,\,\Delta\,) = \prod_{p \leqq \infty} L_p(s,\,\Delta\,),$$

$$L_p\,(s,\,\Delta\,) = \begin{cases} (1 - \tau\,(p)\,p^{-s} + p^{11-2s})^{-1} & \cdots p\text{ は素数} \\ (2\pi)^{-s}\,\Gamma\,(s) & \cdots p = \infty \end{cases}$$

と見るのが現代のゼータ関数論です。このようにガンマ因子まで付けると関数等式が

$$\hat{L}(12 - s, \Delta) = \hat{L}(s, \Delta)$$

のように簡単になるわけです。

　さて、保型形式からゼータ関数への流れを絶対数学の場合に考えるとどうなるでしょうか？それには

という枠組みを作ることが必要です。その理論は

　　黒川信重『絶対ゼータ関数論』岩波書店，2016年

に詳しく書いてあります。簡単に紹介しましょう。

　絶対保型形式とは関数 $f(x)$

$$f : \{x > 0\} = (0, \infty) \longrightarrow \mathbb{C}$$

であって絶対保型性

$$f\left(\frac{1}{x}\right) = Cx^{-D} f(x)$$

をみたすものです（$C = \pm 1$，D は定数）。数学の用語を用いますと、「$f(x)$ は実解析的関数」としておきます。いま、

$$f(x) = \sum_a c(a) x^a$$

をテイラー展開したとき、fから作られたゼータ関数

$$\zeta_f(s) = \prod_a (s - a)^{-c(a)}$$

が絶対ゼータ関数です。積分表示は、ちょっと複雑な形になりますが、

$$\zeta_f(s) = \exp\left(\frac{\partial}{\partial w}\left(\frac{1}{\Gamma(w)} \int_1^\infty f(x) x^{-s-1} (\log x)^{w-1} \, dx\right)\bigg|_{w=0}\right)$$

です。また、$\zeta_f(s)$ の関数等式は $s \leftrightarrow D - s$ というものです。D が「重さ」にあたります。

　簡単な例を2つ書いておきます：零点が良くわかります。

例1

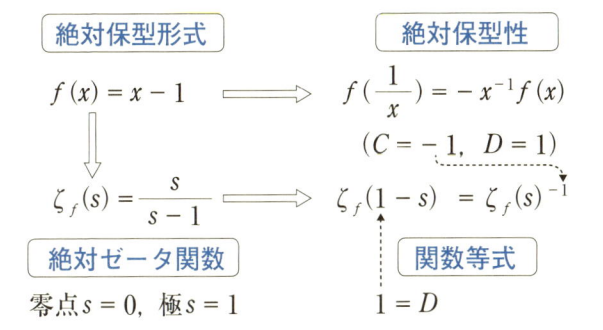

絶対保型形式　　　　　　　　　絶対保型性

$$f(x) = x - 1 \implies f\left(\frac{1}{x}\right) = -x^{-1} f(x)$$

$$(C = -1, \ D = 1)$$

$$\zeta_f(s) = \frac{s}{s-1} \implies \zeta_f(1-s) = \zeta_f(s)^{-1}$$

絶対ゼータ関数　　　　　　　　関数等式

零点 $s = 0$, 極 $s = 1$　　　　　$1 = D$

合同ゼータ関数から絶対ゼータ関数へのトンネル

$$\zeta_{GL(1)/\mathbb{F}_p}(s) = \frac{1-p^{-s}}{1-p^{1-s}} \quad \xrightarrow[\text{``}p\to 1\text{''}]{\boxed{\text{トンネル}}} \quad \frac{s}{s-1} = \zeta_f(s)$$

$\boxed{\text{合同ゼータ関数}}$ $\boxed{\text{絶対ゼータ関数}}$

$\boxed{\text{例2}}$

$$f(x) = x^4 - x^3 - x^2 + x \implies f\left(\frac{1}{x}\right) = x^{-5}f(x)$$
$$(C = +1, \ D = 5)$$

$$\zeta_f(s) = \frac{(s-3)(s-2)}{(s-4)(s-1)} \implies \zeta_f(5-s) = \zeta_f(s)^1$$

零点 $s = 2, \ 3$；極 $s = 1, \ 4$ $\qquad 5 = D$

$$\zeta_{GL(2)/\mathbb{F}_p}(s) = \frac{(1-p^{3-s})(1-p^{2-s})}{(1-p^{4-s})(1-p^{1-s})}$$

$$\xrightarrow[\text{``}p\to 1\text{''}]{\boxed{\text{トンネル}}} \quad \frac{(s-3)(s-2)}{(s-4)(s-1)} = \zeta_f(s)$$

　ある種の絶対ゼータ関数は、合同 ζ 関数（$\mathbb{F}_p$ 上のゼータ関数；第5章参照）から "$p \to 1$" というトンネルを通過して得られます。上の例は $GL(1)$、$GL(2)$ という群（代数群）の場合になっています。

実は、私は2017年4月に、絶対数学の研究者（コンヌ、コンサニ、スーレ、…）の前で、「$\zeta_f(s)$の作り方は実質的にはオイラーが1774年〜1776年（67歳〜69歳）に研究していた」という発見を発表して、驚かれました。それは、コンヌ先生の70歳の誕生日4月1日を祝う研究集会で、場所は上海の復旦大学（Fudan University）でした。

　オイラーはオイラー定数

$$\gamma = \lim_{n \to \infty}\left(1 + \frac{1}{2} + \cdots + \frac{1}{n} - \log n\right) = 0.577\cdots$$

の表示

$$\gamma = \sum_{n=2}^{\infty} \frac{(-1)^n}{n}\zeta(n)$$

を26歳の1734年3月11日付の論文で得ていました ——

$$\gamma = \lim_{s \to 1}\left(\zeta(s) - \frac{1}{s-1}\right)$$

でもあります。これに対して、68歳となった1776年2月29日付の論文では

$$\gamma = \sum_{n=2}^{\infty} \frac{1}{n} \log \left(\prod_{k=1}^{n} k^{(-1)^k \binom{n-1}{k-1}} \right)$$

という表示を発見しました。これは絶対ゼータ関数を用いた表示

$$\gamma = \sum_{n=2}^{\infty} \frac{1}{n} \log \zeta_{GL(1)^{n-1}}(n)$$

に他ならない、というのが黒川の発見です。

　日本語での報告は

黒川信重『オイラーのゼータ関数論』

現代数学社，2018年

です。絶対ゼータ関数をゼータ惑星の生き物と考える（p.40 参照）と、目には見えないような小さな生き物も研究するということになります。このような絶対ゼータ関数論と絶対保型形式論の発展によってリーマン予想も解明されて行くことでしょう。令和の時代はゼータ関数の零点の時代になってほしいものです。

数論の有名な予想のいくつか

内容
(1) abc 予想
(2) 関数体版の abc 予想の証明
(3) アルチンの原始根予想
(4) 関数体版のアルチンの原始根予想証明の歴史
(5) 本書で扱った予想とロゼッタストーン（p.42）の対応表

（1）abc 予想

　abc 予想というのは、1980年代中ごろに定式化されたものです。最初は関数体版（本書の分類では⑬⑭）ができました。この場合は、証明も完成しました（詳しくは（2）に述べます）。そのあとで、通常の整数版（有理数体版：本書の分類では⑭）が定式化されました。

　まず、関数体版を1つだけ書いておきましょう。

定理（ⓒ版）

$$a(x), b(x), c(x) \in \mathbf{C}[x] - \mathbf{C}$$

を互いに素（共通零点なし）な多項式とし、

$$a(x) + b(x) = c(x)$$

をみたすものとする。このとき、

$$\max(\deg(a), \deg(b), \deg(c)) < \deg \operatorname{rad}(abc)$$

が成立する。

　ここで、$\deg(f)$ は多項式 $f(x)$ の次数を表し、

$$\mathrm{rad}(f) = \prod_{\substack{f(a)=0 \\ \alpha:\text{相異なる零点}}} (x-\alpha)$$

証明は (2) を見てください。これが関数体版の「abc 予想」（定理になっていますが）です。定理の右辺は「abc の相異なる根の個数」ですので、$\deg(abc) = \deg(a) + \deg(b) + \deg(c)$ よりは一般にずっと小さくなります（特に、a, b, c に重根があるとき）。これがよい評価と言える点です。

さて、通常の整数に対して、類似物を考えると、たとえば、次のようになります。

最初の予想

$a, b, c \in \mathbb{Z}$

を互いに素な整数とし、

$$a + b = c$$

をみたすものとする。このとき

$$\max(\,|\,a\,|\,,\,|\,b\,|\,,\,|\,c\,|\,) < \mathrm{rad}(abc)$$

が成立する。

　ここで、

$$\mathrm{rad}(abc) = \prod_{\substack{p \mid abc \\ p\text{は素数}}} p$$

　これは、多項式Ⓒ⇔整数Ⓐの関係（類似）で素直に置き換えて考えられた予想です。右辺はabcの相異なる素因子の積ですので、abcよりは一般にずっと小さくなります。それがよい評価になっている点です。

　残念ながら、これには反例がたくさん（無限組）あります。たとえば、

$$(a, b, c) = (1, 8, 9)$$

ならば、

$$c = 9 > \mathrm{rad}(abc) = \mathrm{rad}(2^3 \cdot 3^2) = 2 \cdot 3 = 6$$

で成立しません。

　そこで、次のような変形版が考えられました。

任意の正の数 ε に対して、ある正の数 $K(\varepsilon)$ が存在して、次が成り立つ:

$a, b, c \in \mathbb{Z}$ を互いに素な整数で

$$a + b = c$$

をみたすものとすると

$$\max(\,|\,a\,|\,,\,|\,b\,|\,,\,|\,c\,|\,) < K(\varepsilon) \cdot (\mathrm{rad}(abc))^{1+\varepsilon}$$

　本当は $\varepsilon = 0$ にしたかったのですが、不成立なので $\varepsilon > 0$ にしたわけです。2012年の夏に望月新一京都大学教授が500ページにわたる論文（4部からなる）を発表し、新聞などでも話題となったのは、この予想の証明です。

　abc 予想の魅力的なところは、この簡単に見える形の予想からフェルマー予想やモーデル予想（ある種の多変数代数方程式の有理数解は有限個しかない、という予想）など数論の大予想を導くことができる点です（ただし、定数 $K(\varepsilon)$ をきちんと決める必要があります）。

　関数体版で示しておきましょう。

n を3以上の自然数

$$a(x), b(x), c(x) \in \mathrm{C}[x] - \mathrm{C}$$

を互いに素な多項式とすると

$$a(x)^n + b(x)^n = c(x)^n$$

は成立しない。

これは、本文中で直接証明しました（微分を使っています）が、「関数体版 abc 予想」（定理）を用いると次のように証明できます：

$$a(x)^n + b(x)^n = c(x)^n$$

に「関数体版 abc 予想」を使うと

$$\max(\deg(a^n), \deg(b^n), \deg(c^n)) < \deg \operatorname{rad}(a(x)^n b(x)^n c(x)^n).$$

ここで、

$$\text{左辺} = n \cdot \max(\deg(a), \deg(b), \deg(c)),$$
$$\text{右辺} = \deg \operatorname{rad}(abc) \leqq \deg(a) + \deg(b) + \deg(c)$$

なので（左辺では $\deg(a^n) = n \cdot \deg(a)$ などを用いています）、

$$\begin{cases} n \cdot \deg(a) < \deg(a) + \deg(b) + \deg(c) \\ n \cdot \deg(b) < \deg(a) + \deg(b) + \deg(c) \\ n \cdot \deg(c) < \deg(a) + \deg(b) + \deg(c) \end{cases}$$

を辺々足して、

$$n(\deg(a) + \deg(b) + \deg(c)) < 3(\deg(a) + \deg(b) + \deg(c)).$$

よって

$$n < 3$$

となり矛盾。これで証明されました。　　　　　（証明終わり）

　通常のフェルマー予想でも「ほぼ」同様ですが、完全なフェ

ルマー予想の証明には、上記の「abc 予想」では不十分です。その事情は次の通りです。いま

$$☆ \quad \max(\,|\,a\,|\,,\,|\,b\,|\,,\,|\,c\,|\,) < (\operatorname{rad}(abc))^2$$

が成り立っていたとしてフェルマー予想を証明してみましょう（この形が本当に証明できるかどうかは $K(1) = 1$ にとれるかどうかということですので、よくわからない微妙な点です）。

　さて、a, b, c は互いに素な自然数として

$$a^n + b^n = c^n$$

が成り立っていたとします。すると、上記の☆を使って

$$c^n < (\operatorname{rad}(a^n b^n c^n))^2 = (\operatorname{rad}(abc))^2 \leq (abc)^2 < c^6$$

となります（$a, b < c$ です）。ここで、$c > 1$ ですので

$$n < 6$$

となり、$n = 5, 4, 3$ を調べればよく、証明が完成します。

通常の「abc予想」では「有限個の例外」を取り除くことが難点として残ります。このように、Ⓐの場合の「abc予想」は、何がきちんとできたのかをはっきりさせることが、その応用のためにもとても重要です。残念ながら、2012年8月30日版の望月論文にはεに対する定数$K(\varepsilon)$を明示する結果が書かれていませんので、フェルマー予想の別証が得られているとは言えません。

ABC予想の解説としては

黒川信重・小山信也『ABC予想入門』PHP，2013年

が望月論文が提出されて半年程で出版されたわかりやすい本です。

その後、2018年までの期間に解説書は出版されなかったのですが、2019年になって、次の解説書が出版されました：

加藤文元『宇宙と宇宙をつなぐ数学 IUT理論の衝撃』

角川書店，2019年4月．

(2) 関数体版の abc 予想の証明

係数を複素数に限定した定理1（Ⓒ版）と一般の体にした定理2（Ⓑ版を含む）を証明しましょう。論理的には、前者は後者に含まれますが、話が簡明なのでわけておきます。

$$a(x), b(x), c(x) \in \mathbf{C}[x] - \mathbf{C}$$

を互いに素（共通零点なし）な多項式とし、

$$a(x) + b(x) = c(x)$$

をみたすものとする。このとき、

$$\max(\deg(a), \deg(b), \deg(c)) < \deg \operatorname{rad}(abc)$$

が成立する。

ここで、$\deg(f)$ は多項式 $f(x)$ の次数を表し、

$$\operatorname{rad}(f) = \prod_{\substack{f(a)=0 \\ \alpha：相異なる零点}} (x - \alpha)$$

証明

いま

$$a(x) = A(x - \alpha_1)^{l_1} \cdots (x - \alpha_L)^{l_L}$$

$$b(x) = B(x - \beta_1)^{m_1} \cdots (x - \beta_M)^{m_M}$$

$$c(x) = C(x - \gamma_1)^{n_1} \cdots (x - \gamma_N)^{n_N}$$

とおきます：A, B, C は定数、$\alpha_i, \beta_j, \gamma_k$ は相異なる複素数で、$l_i,$ $m_j, n_k \geqq 1$ は自然数。このとき

$$\mathrm{rad}(abc) =$$
$$(x-\alpha_1)\cdots(x-\alpha_L)(x-\beta_1)\cdots(x-\beta_M)(x-\gamma_1)\cdots(x-\gamma_N)$$

となります。さて、

$$a + b = c$$

において

$$f = \frac{a}{c}, \ g = \frac{b}{c}$$

としますと

$$f + g = 1$$

ですので、微分によって

$$f' + g' = 0.$$

つまり、

$$\frac{f'}{f}f + \frac{g'}{g}g = 0.$$

したがって、

$$-\frac{f'/f}{g'/g} = \frac{g}{f} = \frac{b}{a}.$$

ここで、

$$\frac{f'}{f} = \sum_i \frac{l_i}{x - \alpha_i} - \sum_k \frac{n_k}{x - \gamma_k},$$

$$\frac{g'}{g} = \sum_j \frac{m_j}{x - \beta_j} - \sum_k \frac{n_k}{x - \gamma_k}$$

となることを使うと、

$$\frac{b}{a} = -\frac{\mathrm{rad}(abc)\left(\sum_i \dfrac{l_i}{x - \alpha_i} - \sum_k \dfrac{n_k}{x - \gamma_k}\right)}{\mathrm{rad}(abc)\left(\sum_j \dfrac{m_j}{x - \beta_j} - \sum_k \dfrac{n_k}{x - \gamma_k}\right)}$$

となります（右辺の分子と分母は$\mathrm{rad}(abc)$をかけてあります ので多項式になります）。

　したがってbとaの次数を右辺の表示から評価することに よって

$$\deg(b) \leq \deg\left(\operatorname{rad}(abc)\left(\sum_i \frac{l_i}{x-\alpha_i} - \sum_k \frac{n_k}{x-\gamma_k}\right)\right)$$

$$< \deg \operatorname{rad}(abc),$$

$$\deg(a) \leq \deg\left(\operatorname{rad}(abc)\left(\sum_j \frac{m_j}{x-\beta_j} - \sum_k \frac{n_k}{x-\gamma_k}\right)\right)$$

$$< \deg \operatorname{rad}(abc).$$

さらに、$c = a + b$ より

$$\deg(c) \leq \max(\deg(a), \deg(b)) < \deg \operatorname{rad}(abc)$$

となって定理1が証明されました。

> **定理2（Ⓑ版を含む）**
>
> $\mathbb{F}$ を体、
>
> $a(x), b(x), c(x) \in \mathbb{F}[x] - \mathbb{F}$
>
> を互いに素（共通素因子なし）な多項式で
>
> $$a(x) + b(x) = c(x)$$
>
> をみたすものとする。ただし、$a'(x) = b'(x) = c'(x) = 0$ ではないものとする。このとき
>
> $$\max(\deg(a), \deg(b), \deg(c)) < \deg \operatorname{rad}(abc)$$

が成り立つ。

　ここで、$\deg(f)$ は多項式 $f(x)$ の次数、

$$\mathrm{rad}(f) = \prod_{\substack{h \mid f \\ h \text{は素多項式}}} h.$$

この定理の証明の準備として、次の補題を用意します。

補題

$f(x) \in \mathbf{F}[x] - \mathbf{F}$ に対して

$$\frac{f}{\gcd(f, f')} \quad \text{は} \ \mathrm{rad}(f) \ \text{の約数（約多項式）}.$$

とくに

$$\deg(\gcd(f, f')) \geqq \deg(f) - \deg \mathrm{rad}(f).$$

ここで、$\gcd(a, b)$ は a, b の最大公約多項式.

補題の証明

$$f(x) = u \cdot p_1{}^{e_1} \cdots p_r{}^{e_r}$$

$$(p_i：相異なる素多項式、e_i \geqq 1, u \in \mathbb{F}^\times)$$

を素多項式への分解とすると、$p_i{}^{e_i-1}$ は $f'(x)$ と $f(x)$ を割り切ることがわかります（$f(x)$ はあたりまえですし、$f'(x)$ は微分するとわかります）。したがって、

$$\gcd(f, f') = \prod_i p_i{}^{d_i}$$

$$d_i = \begin{cases} e_i \\ e_i - 1 \end{cases}$$

となります。よって、

$$\frac{f}{\gcd(f, f')} = u \cdot \prod_i p_i{}^{e_i - d_i}$$

は

$$\mathrm{rad}(f) = \prod_i p_i$$

の約数（約多項式）です。とくに

$$\deg(f) - \deg(\gcd(f, f')) = \deg\left(\frac{f}{\gcd(f, f')}\right)$$

$$\leq \deg \operatorname{rad}(f).$$

よって、

$$\deg(\gcd(f, f')) \geq \deg(f) - \deg \operatorname{rad}(f).$$

これで補題は証明されました。

定理2の証明

$$a + b = c \quad \cdots ①$$

を微分して、

$$a' + b' = c'. \quad \cdots ②$$

$$\gcd(a, a') \mid a, a'$$

より

$$\gcd(a, a') \mid (ab' - a'b). \quad \cdots ③$$

また

$$\gcd(b, b') \mid b, b'$$

より

$$\gcd(b, b') \mid (ab' - a'b). \quad \cdots ④$$

さらに、

$$\gcd(c, c') \mid c, c'$$

より

$$\gcd(c, c') \mid (b'c - bc'). \quad \cdots ⑤$$

ここで、①$\times b' - ② \times b$ を作ると

$$ab' - a'b = b'c - bc'. \quad \cdots ⑥$$

よって、③〜⑥より

$$\gcd(a, a'), \gcd(b, b'), \gcd(c, c') \mid (ab' - a'b)$$

とわかります。とくに

$$\gcd(a, a')\gcd(b, b')\gcd(c, c') \mid (ab' - a'b). \quad \cdots ⑦$$

ここで、$ab' - a'b \neq 0$（もし 0 だとすると、a, b が互いに素や、$a' = b' = 0$ でないことに矛盾）なので、

$$\deg(ab' - a'b) < \deg(a) + \deg(b).$$

よって、⑦を使って

$$\deg(\gcd(a, a')) + \deg(\gcd(b, b')) + \deg(\gcd(c, c'))$$
$$< \deg(a) + \deg(b).$$

さらに、補題を使うことによって

$$\deg(a) + \deg(b) + \deg(c) - \deg \operatorname{rad}(a) - \deg \operatorname{rad}(b) - \deg \operatorname{rad}(c)$$
$$< \deg(a) + \deg(b)$$

となります。よって

$$\deg(c) < \deg(\operatorname{rad}(a)\operatorname{rad}(b)\operatorname{rad}(c))$$

$$= \deg(\mathrm{rad}(abc))$$

となって、$\deg(a)$、$\deg(b)$についても同様にして、定理2が証明されました。

歴史的注意

定理1と定理2は

W.W.Stothers "Polynomial identities and
Haupt moduln "Quart.J.Math.**32**(1981)349-370
および
　R.C.Mason" Equations over function fields"
Springer Lecture Notes in Math.1068(1984), 149-157

によって証明されました。後者だけを引用している文献が多いのですが、前者が最初です。

次の本にも多項式版abc予想の解説があります：

黒川信重・小山信也『ABC予想入門』PHP，2013年。

(3) アルチンの原始根予想

$a \in \mathbb{Z}$は-1でも平方数（整数の2乗になっているもの）で

もないとします。aが素数pに対する原始根とは、a^1-1, a^2-1, $\cdots$, $a^{p-2}-1$のどれもpで割り切れなくて、$a^{p-1}-1$がpで割り切れるときに言います。

たとえば、$a = 10$は

$p = 3$の原始根ではなく：$10-1 \equiv 0 \bmod 3$, $10^2-1 \equiv 0 \bmod 3$,

$p = 7$の原始根です：$9, 99, 999, 9999, 99999$は7で割り切れずに、999999は7で割り切れます。

アルチンは1927年9月13日にハッセに

—アルチンの原始根予想

aを原始根にもつ素数は無限個存在する。

を伝えました。もっと詳しくは、

$$\pi_a(x) = |\{p \leq x \mid p\text{は素数で、}a\text{を原始根にもつ}\}|$$

としたとき

$$\lim_{x \to \infty} \frac{\pi_a(x)}{\pi(x)} = C(a)$$

が計算可能な明示できる正の数であることを予想しました。

たとえば、予想では

$$\lim_{x \to \infty} \frac{\pi_{10}(x)}{\pi(x)} = 0.37 \cdots$$

です。一方、

$$\frac{\pi_{10}(100)}{\pi(100)} = \frac{9}{25} = 0.36$$

でよく合っています。なお、10が7の原始根という性質は

$$\frac{1}{7} = 0.142857\ 142857\ 142857\cdots$$

と周期6 = 7 − 1の循環小数展開をもつことに対応しています。

　これまでのところ、アルチンの原始根予想は証明されていませんが、一般化されたリーマン予想を仮定すれば成り立つことがわかっています（フーリー、1967年）。一般化されたリーマン予想が用いられるのは、素数分布の詳細な性質を使えるためです。実は次項に見るように、アルチンの原始根予想には関数体版（本書の分類では⑧です）があり、その場合には同様の研究がなされて、しかも、必要なリーマン予想の証明も完成して、本当の証明にいたっていました。

（4） 関数体版のアルチンの原始根予想証明の歴史

　アルチンの原始根予想の関数体版（$\mathbb{Z}$を$\mathbb{F}_p[x]$にした版）は、1937年にビルハルツによって、「一般化されたリーマン予想」（代数曲線の合同ゼータ関数のリーマン予想）を仮定して証明されました：

（5）本書で扱った予想とロゼッタストーン(p.42)の対応表

	Ⓐ 素数
リーマン予想	未解決
ラングランズ予想	未解決 [部分的にワイルズ、テイラー]
アルチンの原始根予想	未解決 [一般化されたリーマン予想から従う： 　　　　　フーリー（1967年）]
フェルマー予想	解決 ワイルズ＋テイラー（1995年）
abc予想	[未解決] 望月新一 解決か（2012年）
ラマヌジャン予想	GL（2）正則保型形式のとき解決 ドリーニュ（1974年）
佐藤・テイト予想	GL（2）正則保型形式のとき解決 テイラーたち（2011年）
深リーマン予想	未解決

Herbert Bilharz "Primdivisoren mit vorgegebener Primitiv wurzel" Math.Ann. **114**(1937)476-492.

　ビルハルツ（1910年11月3日 – 1956年10月6日）は当時ゲッチンゲン大学においてハッセの指導を受けていた学生で、この論文によって博士号を取得しました。ビルハルツの論文で仮定されていた「一般化されたリーマン予想」は1948年に

Ⓑ 素な多項式（有限体上）	Ⓒ 素な多項式（複素数体上）
解決 ドリーニュ（1974年）	解決 セルバーグ （1952年）
解決 ドリンフェルト（1980年） ＋ラフォルグ（2002年）	幾何的ラングランズ予想として進展
解決 ビルハルツ（1837年） ＋ヴェイユ（1948年）	［定式化？］
解決 R. リューヴィル（1879年）	解決 R. リューヴィル（1879年）
解決 1980年代前半 ［(2)参照］	解決 1980年代前半 ［(2)参照］
解決 ドリンフェルト（1980年） ＋ラフォルグ（2002年）	［定式化？］
解決 吉田（1973年）	［定式化？］
解決 黒川研究室（2012年）	［？］

ヴェイユによって証明されました。したがって、それ以降は関数体版のアルチンの原始根予想は（未証明の仮定なしで）完全に証明された、ということになります。「リーマン予想」を仮定して示される結果は多いのですが、めでたく「リーマン予想」の証明まで完成したのは、めずらしい例です。

読書案内

　ここでは本書を読むのに参考となる文献を、著者の関係したものを中心に紹介しています。深リーマン予想については本書が最初の日本語文献でした。

[1] リーマン予想

(1.1) 黒川信重『リーマン予想の150年』岩波書店、2009年。［リーマン予想の解明に向けた150年間の研究、問題点、未来への展望まで。］

(1.2) 黒川信重『リーマン予想を解こう』技術評論社、2014年。

(1.3) 黒川信重（編著）『リーマン予想がわかる』数学セミナー増刊号、2009年。［リーマン予想のやさしい解説。］

(1.4) 黒川信重『リーマンとオイラーのゼータ関数』日本評論社、2018年。

(1.5) 黒川信重「素数の発見：素数からゼータへの長い旅」『数理科学』2012年11月号。

(1.6) 黒川信重『リーマンと数論』共立出版、2016年。

[2] 絶対数学

(2.1) 黒川信重『絶対数学原論』現代数学社、2016年。

(2.2) 黒川信重『絶対数学の世界』青土社、2017年。

(2.3) 黒川信重「絶対数学」『現代思想』2000年10月増刊号『数学の思考』青土社。［絶対数学の初期の記録。］

(2.4) 黒川信重「絶対ガロア理論」『現代思想』2011年4月号、青土社。［絶対数学の研究で重要になる絶対ガロア理論入門。］

(2.5) 黒川信重『オイラーのゼータ関数論』現代数学社、2018年。

[3] ゼータ関数入門

(3.1) 黒川信重『オイラー、リーマン、ラマヌジャン：時空を超えた数学者の接点』岩波書店、2006年。［数学研究のバトン

の受け渡しの妙。]

(3.2) 黒川信重『数学の夢：素数からのひろがり』岩波書店、1998年。[1997年夏に行った第一回岩波高校生セミナーの記録。]

(3.3) 黒川信重「ユークリッド素数列」『数学セミナー』2008年5月号12–13。[ギリシャ式素数生成法で触れたユークリッド素数列の現状解説。]

(3.4) 黒川信重（編）『数理科学』2011年1月号特集「数論の探求：ゼータからその世界に迫る」。[激流となっている数論の現在。]

(3.5) 黒川信重『オイラー探検：無限大の滝と12連峰』シュプリンガージャパン、2007年；丸善、2012年。[2007年のオイラー生誕300年記念。]

(3.6) 小山信也『素数からゼータへ、そしてカオスへ』日本評論社、2010年。[ゼータ関数と保型形式から数論的量子カオスと量子エルゴード性の最先端まで。]

[4] 深リーマン予想

(4.1) Taro Kimura, Shin-ya Koyama, Nobushige Kurokawa（木村太郎、小山信也、黒川信重）"Euler products beyond the boundary" Letters in Mathematical Physics **104**（2014）1–19[arXiv:1210.1216 [math.NT] Oct 2012]［オイラー積の絶対収束域を超えての状況を見るためのわかりやすい論文：過去の論文へはこの論文の引用文献からさかのぼって欲しい。ウェブサイトはhttp://arxiv.org/]

(4.2) 黒川信重『リーマン予想の先へ：深リーマン予想』東京図書、2013年。[深リーマン予想について基礎から解説している世界最初の教科書。]

索　引

英字・数字

abc予想 ······························· 11, 45, 129, 164

degree ································· 49

L関数 ······························· 55, 102

$L_i(x)$ ································· 37

mod ································· 25, 83

R.リュービル ························· 47

Re ································· 38

$\pi(x)$ ······························· 35, 71

あ行

アペリー ································· 56

アルチン ······························· 91, 161

アルチンの原始根予想 ················· 164

アンドリュー・ワイルズ ··············· 46, 72

ヴェイユ ································· 91

オイラー ······························· 8, 28, 38

オイラー積 ····························· 8, 29

オイラー線 ····························· 9

オイラー全集 ··························· 63

オイラー線定理 ························· 9

オイラーの定理 ························· 34

か行

解析接続 ·· 39, 96, 135

ガウスの定理 ·································· 21

ガロア理論 ····································· 86

関数等式 ··· 59

ガンマ因子 ····································· 137

幾何学 ··· 45

基本群 ··· 82

共通根 ··· 47

極 ··· 62

局所リーマン予想 ························ 69

ギリシャ数学 ································· 16

黒川テンソル積 ···························· 121

グロタンディーク ························ 91

グレゴリー ····································· 57

『原論』 ·· 17, 117

合成数 ··· 17

合同 ··· 82

合同ゼータ関数 ···························· 82

コルンブルム ································· 79, 82, 90

さ行

佐藤・テイト予想 ························ 71, 164

三角数 ··· 17

四角数 ··· 17

次数 ··· 49, 84

シャンポリオン……………………………………… 41

深リーマン予想……………………………… 59, 102, 164

数学の七大問題………………………………… 106

数論…………………………………………… 43

ゼータ ………………………………………… 8, 29, 40

ゼータ正規化積…………………………………… 95

ゼータ惑星 ……………………………………… 40

絶対収束………………………………………… 102

絶対数学………………………………………… 44

絶対ゼータ関数…………………………… 134, 138

絶対保型形式…………………………………… 138

セルバーグ ……………………………………… 82

セルバーグゼータ関数 ……………………… 82, 94

セルバーグの跡公式…………………………… 92

零点……………………………………………… 8, 39

素因数分解 ……………………………………… 20

素数……………………………………………… 8, 20, 54

素数定理………………………………………… 35

素測地線（素ひも）…………………………… 94

素の多項式 ……………………………………… 77

た行

対称性…………………………………………… 59

代数曲線………………………………………… 105

対数積分………………………………………… 37

互いに素………………………………………… 46

谷山予想……………………………………72

直線数……………………………………17

ティッチマーシュ…………………………103

ディリクレ指標……………………………90

ディリクレ素数定理………………………90

天文学……………………………………16

トマス・ヤング……………………………42

ドリーニュ……………………………69, 91

な行

ナポレオン…………………………………42

ノルム……………………………………77

は行

バーチ・スインナートンダイヤー予想………106

ハッセ…………………………………91, 162

ピタゴラス…………………………………16

ピタゴラスの三角形………………………51

フーリエ……………………………………42

フェルマー予想………………45, 66, 147, 164

複素数…………………………………8, 46, 102

複素数体…………………………………44

保型形式……………………………………67

ま行

マーダヴァ …………………………………………………………………… 57
密度関数………………………………………………………………… 36
メルテンス ………………………………………………………………104
モーデル…………………………………………………………………… 69
モーデル予想………………………………………………………………147
望月新一……………………………………………………………… 45, 51, 147

や行

ユークリッド………………………………………………………………17, 117
ユークリッド素数列………………………………………………… 20
有限体 ……………………………………………………………………… 44

ら行

ライプニッツ ……………………………………………………………… 57
ラマヌジャン ……………………………………………………………… 66
ラマヌジャン予想………………………………………………………68, 164
ラングランズ予想…………………………………………………73, 122, 164
ランダウ………………………………………………………………… 82
リーマン…………………………………………………………………8, 38
リーマンゼータ関数………………………………………………8, 88
リーマン面 ……………………………………………………………… 94
リーマン予想……………………………………………………………8, 164
零和構造………………………………………………………………… 131
ロゼッタストーン ……………………………………………………… 41

あとがき

　私がリーマン予想の探求に乗り出したのは17歳のころです。考えてみますと、いつの間にか50年が経ってしまいました。過ぎ去る時間の速さに呆然となります。

　本書ではリーマン予想の周辺をできるだけやさしく解説することを試みました。そのために、有名なロゼッタ石にちなんで「素数ロゼッタ石」を比喩に用いることにしました。読者の方々にはその内容Ⓐ, Ⓑ, Ⓒの比較を楽しんでいただけたら幸いです。

　本書をまとめるにあたりましては、編集部の成田恭実さんの絶大な寄与がありました。成田さんは私の4回の講義のノートをとり、本書の基盤を作ってくださいました。深く感謝いたします。

2019年（令和元年）5月10日

黒川信重

■著者プロフィール

黒川　信重（くろかわ　のぶしげ）

誕生：1952年栃木県
学歴：1975年東京工業大学理学部数学科卒業
現在：東京工業大学名誉教授
　　　専門は数論、特に絶対数学、多重三角関数論、ゼータ関数論
著書：『リーマン予想の150年』岩波書店、他多数。

数学への招待シリーズ

リーマン予想の今，そして解決への展望

2019年10月3日　初版　第1刷発行

著　者　黒川 信重

発行者　片岡 巌

発行所　株式会社技術評論社

　　　　東京都新宿区市谷左内町21-13

　　　　電話　03-3513-6150　販売促進部

　　　　　　　03-3267-2270　書籍編集部

印刷・製本　昭和情報プロセス株式会社

装　丁　中村 友和（ROVARIS）

本文デザイン，DTP　株式会社 森の印刷屋

ISBN978-4-297-10861-8　C3041
Printed in Japan

本書に関する最新情報は，技術評論社ホームページ（https://gihyo.jp/）をご覧ください。

本書へのご意見，ご感想は，以下の宛先へ書面にてお受けしております。電話でのお問い合わせにはお答えいたしかねますので，あらかじめご了承ください。

〒162-0846
東京都新宿区市谷左内町21-13
株式会社技術評論社 書籍編集部
『リーマン予想の今，そして解決への展望』係
FAX：03-3267-2271